北京城市总体规划

（2016年—2035年）

中国建筑工业出版社

按：为贯彻落实习近平总书记视察北京重要讲话精神，在党中央、国务院的亲切关怀下，在中央和国家机关有关部委的指导支持下，北京市组织编制了《北京城市总体规划（2016年—2035年）》。2017年6月27日，习近平总书记主持召开中央政治局常委会，专题听取北京城市总体规划编制工作的汇报。9月13日，党中央、国务院正式批复《北京城市总体规划（2016年—2035年）》。

中共中央 国务院
关于对《北京城市总体规划（2016年—2035年）》的批复

中共北京市委、北京市人民政府：

你们《关于报请审批〈北京城市总体规划（2016年—2035年）〉的请示》收悉。现批复如下：

一、同意《北京城市总体规划（2016年—2035年）》（以下简称《总体规划》）。《总体规划》深入贯彻习近平总书记系列重要讲话精神和治国理政新理念新思想新战略，紧紧围绕统筹推进"五位一体"总体布局和协调推进"四个全面"战略布局，牢固树立新发展理念，紧密对接"两个一百年"奋斗目标，立足京津冀协同发展，坚持以人民为中心，坚持可持续发展，坚持一切从实际出发，注重长远发展，注重减量集约，注重生态保护，注重多规合一，符合北京市实际情况和发展要求，对于促进首都全面协调可持续发展具有重要意义。《总体规划》的理念、重点、方法都有新突破，对全国其他大城市有示范作用。

二、北京是中华人民共和国的首都，是全国政治中心、文化中心、国际交往中心、科技创新中心。北京城市的规划发展建设，要深刻把握好"都"与"城"、"舍"

与"得"、疏解与提升、"一核"与"两翼"的关系，履行为中央党政军领导机关工作服务，为国家国际交往服务，为科技和教育发展服务，为改善人民群众生活服务的基本职责。要在《总体规划》的指导下，明确首都发展要义，坚持首善标准，着力优化提升首都功能，有序疏解非首都功能，做到服务保障能力与城市战略定位相适应，人口资源环境与城市战略定位相协调，城市布局与城市战略定位相一致，建设伟大社会主义祖国的首都、迈向中华民族伟大复兴的大国首都、国际一流的和谐宜居之都。

三、加强"四个中心"功能建设。坚持把政治中心安全保障放在突出位置，严格中心城区建筑高度管控，治理安全隐患，确保中央政务环境安全优良。抓实抓好文化中心建设，做好首都文化这篇大文章，精心保护好历史文化金名片，构建现代公共文化服务体系，推进首都精神文明建设，提升文化软实力和国际影响力。前瞻性谋划好国际交往中心建设，适应重大国事活动常态化，健全重大国事活动服务保障长效机制，加强国际交往重要设施和能力建设。大力加强科技创新中心建设，深入实施创新驱动发展战略，更加注重依靠科技、金融、文化创意等服务业及集成电路、新能源等高技术产业和新兴产业支撑引领经济发展，聚焦中关村科学城、怀柔科学城、未来科学城、创新型产业集群和"中国制造2025"创新引领示范区建设，发挥中关村国家自主创新示范区作用，构筑北京发展新高地。

四、优化城市功能和空间布局。坚定不移疏解非首都功能，为提升首都功能、提升发展水平腾出空间。突出把握首都发展、减量集约、创新驱动、改善民生的要求，根据市域内不同地区功能定位和资源环境条件，形成"一核一主一副、两轴多点一区"的城市空间布局，促进主副结合发展、内外联动发展、南北均衡发展、山区和平原地区互补发展。要坚持疏解整治促提升，坚决拆除违法建设，加强对疏解腾退空间利用的引导，注重腾笼换鸟、留白增绿。要加强城乡统筹，在市域范围内实行城乡统一规划管理，构建和谐共生的城乡关系，全面推进城乡一体化发展。

五、严格控制城市规模。以资源环境承载能力为硬约束，切实减重、减负、减量发展，实施人口规模、建设规模双控，倒逼发展方式转变、产业结构转型升级、城市功能优化调整。到2020年，常住人口规模控制在2300万人以内，2020年以后长期稳定在这一水平；城乡建设用地规模减少到2860平方公里左右，2035年减少到2760平方公里左右。要严守人口总量上限、生态控制线、城市开发边界三条红线，划定并严守永久基本农田和生态保护红线，切实保护好生态涵养区。加强首都水资源保障，落实最严格水资源管理制度，强化节水和水资源保护，确保首都水安全。

六、科学配置资源要素，统筹生产、生活、生态空间。压缩生产空间规模，提高产业用地利用效率，适度提高居住用地及其配套用地比重，形成城乡职住用地合理比例，促进职住均衡发展。推进教育、文化、体育、医疗、养老等公共服务均衡布局，提高生活性服务业品质，实现城乡"一刻钟社区服务圈"全覆盖。优先保护好生态环境，大幅提高生态规模与质量，加强浅山区生态修复与违法违规占地建房治理，提高平原地区森林覆盖率。推进城市修补和生态修复，实现生产空间集约高效、生活空间宜居适度、生态空间山清水秀。

七、做好历史文化名城保护和城市特色风貌塑造。构建涵盖老城、中心城区、市域和京津冀的历史文化名城保护体系。加强老城和"三山五园"整体保护，老城不能再拆，通过腾退、恢复性修建，做到应保尽保。推进大运河文化带、长城文化带、西山永定河文化带建设。加强对世界遗产、历史文化街区、文物保护单位、历史建筑和工业遗产、中国历史文化名镇名村和传统村落、非物质文化遗产等的保护，凸显北京历史文化整体价值，塑造首都风范、古都风韵、时代风貌的城市特色。重视城市复兴，加强城市设计和风貌管控，建设高品质、人性化的公共空间，保持城市建筑风格的基调与多元化，打造首都建设的精品力作。

八、着力治理"大城市病"，增强人民群众获得感。坚持公共交通优先战略，提升城市公共交通供给能力和服务水平，加强交通需求管理，鼓励绿色出行，标本兼治缓解交通拥堵，促进交通与城市协调发展。加强需求端管控，加大住宅供地力度，完善购租并举的住房体系，建立促进房地产市场平稳健康发展的长效机制，努力实现人民群众住有所居。严格控制污染物排放总量，着力攻坚大气、水、土壤污染防治，全面改善环境质量。加快海绵城市建设，构建国际一流、城乡一体的市政基础设施体系。

九、高水平规划建设北京城市副中心。坚持世界眼光、国际标准、中国特色、高点定位，以创造历史、追求艺术的精神，以最先进的理念、最高的标准、最好的质量推进城市副中心规划建设，着力打造国际一流的和谐宜居之都示范区、新型城镇化示范区和京津冀区域协同发展示范区。突出水城共融、蓝绿交织、文化传承的城市特色，构建"一带、一轴、多组团"的城市空间结构。有序推进城市副中心规划建设，带动中心城区功能和人口疏解。

十、深入推进京津冀协同发展。发挥北京的辐射带动作用，打造以首都为核心的世界级城市群。全方位对接支持河北雄安新区规划建设，建立便捷高效的交通联系，支持中关村科技创新资源有序转移、共享聚集，推动部分优质公共服务资源合作。与河北共同筹办好2022年北京冬奥会和冬残奥会，促进区域整体发展水平提升。聚焦重点领域，优化区域交通体系，推进交通互联互通，疏解过境交通；建设好北京新机场，打造区域世界级机场群；深化联防联控机制，加大区域环境治理力度；加强产业协作和转移，构建区域协同创新共同体。加强与天津、河北交界地区统一规划、统一政策、统一管控，严控人口规模和城镇开发强度，防止城镇贴边连片发展。

十一、加强首都安全保障。切实加强对军事设施和要害机关的保护工作，推动军民融合发展。加强人防设施规划建设，与城市基础设施相结合，实现军民兼用。高度重视城市公共安全，建立健全包括消防、防洪、防涝、防震等超大城市综合防灾体系，加强城市安全风险防控，增强抵御自然灾害、处置突发事件、危机管理能力，提高城市韧性，让人民群众生活得更安全、更放心。

十二、健全城市管理体制。创新城市治理方式，加强精细化管理，在精治、共治、法治上下功夫。既管好主干道、大街区，又治理好每个社区、每条小街小巷小胡同。动员社会力量参与城市治理，注重运用法规、制度、标准管理城市。创新体制机制，推动城市管理向城市治理转变，构建权责明晰、服务为先、管理优化、执法规范、安全有序的城市管理体制，推进城市治理体系和治理能力现代化。

十三、坚决维护规划的严肃性和权威性。《总体规划》是北京市城市发展、建设、管理的基本依据，必须严格执行，任何部门和个人不得随意修改、违规变更。北京市委、市政府要坚持一张蓝图干到底，以钉钉子精神抓好规划的组织实施，明确建设重点和时序，抓紧深化编制有关专项规划、功能区规划、控制性详细规划，分解落实规划目标、指标和任务要求，切实发挥规划的战略引领和刚性管控作用。健全城乡规划、建设、管理法规，建立城市体检评估机制，完善规划公开制度，加强规划实施的监督考核问责。要调动各方面参与和监督规划实施的积极性、主动性和创造性。驻北京市的党政军单位要带头遵守《总体规划》，支持北京市工作，共同努力把首都规划好、建设好、管理好。首都规划建设委员会要发挥组织协调作用，加强对《总体规划》实施工作的监督检查。

《总体规划》执行中遇有重大事项，要及时向党中央、国务院请示报告。

中共中央
国务院
2017 年 9 月 13 日

北京作为首都，是我们伟大祖国的象征和形象，是全国各族人民向往的地方，是向全世界展示中国的首要窗口，一直备受国内外高度关注。建设和管理好首都，是国家治理体系和治理能力现代化的重要内容。北京各方面工作具有代表性、指向性，一定要有担当精神，勇于开拓，把北京的事情办好，努力为全国起到表率作用。

首都规划务必坚持以人为本，坚持可持续发展，坚持一切从实际出发，贯通历史现状未来，统筹人口资源环境，让历史文化与自然生态永续利用、与现代化建设交相辉映。

——2014年2月26日习近平总书记视察北京工作时的讲话

城市规划在城市发展中起着重要引领作用。北京城市规划要深入思考"建设一个什么样的首都，怎样建设首都"这个问题，把握好战略定位、空间格局、要素配置，坚持城乡统筹，落实"多规合一"，形成一本规划、一张蓝图，着力提升首都核心功能，做到服务保障能力同城市战略定位相适应，人口资源环境同城市战略定位相协调，城市布局同城市战略定位相一致，不断朝着建设国际一流的和谐宜居之都的目标前进。总体规划经法定程序批准后就具有法定效力，要坚决维护规划的严肃性和权威性。

——2017年2月24日习近平总书记视察北京工作时的讲话

序 言

2014年2月和2017年2月，习近平总书记两次视察北京并发表重要讲话，为新时期首都发展指明了方向。为深入贯彻落实习近平总书记视察北京重要讲话精神，紧紧扣住迈向"两个一百年"奋斗目标和中华民族伟大复兴的时代使命，围绕"建设一个什么样的首都，怎样建设首都"这一重大问题，谋划首都未来可持续发展的新蓝图，北京市编制了新一版城市总体规划。

本次城市总体规划编制工作坚持一切从实际出发，贯通历史现状未来，统筹人口资源环境，让历史文化和自然生态永续利用，同现代化建设交相辉映。坚持抓住疏解非首都功能这个"牛鼻子"，紧密对接京津冀协同发展战略，着眼于更广阔的空间来谋划首都的未来。坚持以资源环境承载能力为刚性约束条件，确定人口总量上限、生态控制线、城市开发边界，实现由扩张性规划转向优化空间结构的规划。坚持问题导向，积极回应人民群众关切，努力提升城市可持续发展水平。坚持城乡统筹、均衡发展、多规合一，实现一张蓝图绘到底。坚持开门编制规划，汇聚各方智慧，努力提高规划编制的科学性和有效性，切实维护规划的严肃性和权威性。

目 录

总则 ··· 1

第一章 落实首都城市战略定位，明确发展目标、规模和空间布局 ················ 3

    第一节　战略定位 ·· 3

    第二节　发展目标 ·· 5

    第三节　城市规模 ·· 6

    第四节　空间布局 ·· 8

第二章 有序疏解非首都功能，优化提升首都功能 ···································· 10

    第一节　建设政务环境优良、文化魅力彰显和人居环境一流的首都功能
　　　　　　核心区 ·· 10

    第二节　推进中心城区功能疏解提升，增强服务保障能力 ························· 14

    第三节　高水平规划建设北京城市副中心，示范带动非首都功能疏解 ········· 18

    第四节　以两轴为统领，完善城市空间和功能组织秩序 ···························· 20

    第五节　强化多点支撑，提升新城综合承接能力 ····································· 21

    第六节　推进生态涵养区保护与绿色发展，建设北京的后花园 ·················· 23

    第七节　加强统筹协调，实现城市整体功能优化 ····································· 24

第三章 科学配置资源要素，实现城市可持续发展 ···································· 26

    第一节　坚持生产空间集约高效，构建高精尖经济结构 ···························· 26

    第二节　坚持生活空间宜居适度，提高民生保障和服务水平 ····················· 30

    第三节　坚持生态空间山清水秀，大幅度提高生态规模与质量 ·················· 33

    第四节　协调水与城市的关系，实现水资源可持续利用 ···························· 36

    第五节　协调就业和居住的关系，推进职住平衡发展 ······························· 39

    第六节　协调地上地下空间的关系，促进地下空间资源综合开发利用 ········· 39

第四章　加强历史文化名城保护，强化首都风范、古都风韵、时代风貌的
　　　　城市特色 ··· 42

　　第一节　构建全覆盖、更完善的历史文化名城保护体系 ·· 42
　　第二节　加强老城整体保护 ·· 44
　　第三节　加强三山五园地区保护 ·· 47
　　第四节　加强城市设计，塑造传统文化与现代文明交相辉映的城市特色
　　　　　　风貌 ·· 49
　　第五节　加强文化建设，提升文化软实力 ·· 53

第五章　提高城市治理水平，让城市更宜居 ·· 55

　　第一节　划定城市开发边界，遏制城市摊大饼式发展 ·· 55
　　第二节　标本兼治，缓解城市交通拥堵 ·· 56
　　第三节　完善购租并举的住房体系，实现住有所居 ·· 60
　　第四节　着力攻坚大气污染治理，全面改善环境质量 ·· 62
　　第五节　借鉴国际先进经验，提升市政基础设施运行保障能力 ·························· 65
　　第六节　健全公共安全体系，提升城市安全保障能力 ·· 68
　　第七节　健全城市管理体制，创新城市治理方式 ·· 71

第六章　加强城乡统筹，实现城乡发展一体化 ·· 73

　　第一节　加强分类指导，明确城乡发展一体化格局和目标任务 ·························· 73
　　第二节　全面深化改革，提高城乡发展一体化水平 ·· 75
　　第三节　提高服务品质，发展乡村观光休闲旅游 ·· 76
　　第四节　加大治理力度，实现城乡结合部减量提质增绿 ······································ 77

第七章　深入推进京津冀协同发展，建设以首都为核心的世界级城市群 ··············· 80

　　第一节　建设以首都为核心的世界级城市群 ·· 80
　　第二节　对接支持河北雄安新区规划建设 ·· 83
　　第三节　推进重点领域率先突破 ·· 84
　　第四节　加强交界地区统一规划、统一政策、统一管控 ······································ 85

第五节　全力办好2022年北京冬奥会，促进区域整体发展水平提升…………86

第八章　转变规划方式，保障规划实施……………………………………………88

　　第一节　建立多规合一的规划实施及管控体系，实现一张蓝图绘到底………88
　　第二节　建立城市体检评估机制，提高规划实施的科学性和有效性…………90
　　第三节　建立实施监督问责制度，维护规划的严肃性和权威性…………………91
　　第四节　加强组织领导，完善规划实施统筹决策机制……………………………92

附表　建设国际一流的和谐宜居之都评价指标体系……………………………………96

附图…………………………………………………………………………………………98

总　则

第 1 条　指导思想

全面贯彻党的十八大和十八届三中、四中、五中、六中全会精神，深入贯彻习近平总书记系列重要讲话精神和治国理政新理念新思想新战略特别是两次视察北京重要讲话精神，紧紧围绕统筹推进"五位一体"总体布局和协调推进"四个全面"战略布局，坚持以人民为中心的发展思想，牢固树立创新、协调、绿色、开放、共享的发展理念，牢牢把握首都城市战略定位，大力实施以疏解北京非首都功能为重点的京津冀协同发展战略，转变城市发展方式，完善城市治理体系，有效治理"大城市病"，不断提升城市发展质量、人居环境质量、人民生活品质、城市竞争力，实现城市可持续发展，率先全面建成小康社会，建设国际一流的和谐宜居之都，谱写中华民族伟大复兴中国梦的北京篇章。

第 2 条　主要规划依据

1.《中华人民共和国城乡规划法》

2.《中华人民共和国土地管理法》

3.《中华人民共和国环境保护法》

4.《中共中央、国务院关于进一步加强城市规划建设管理工作的若干意见》

5.《国务院关于深入推进新型城镇化建设的若干意见》

6.《京津冀协同发展规划纲要》

7.《全国国土规划纲要（2016—2030 年）》

8.《全国主体功能区规划》

9.《国家新型城镇化规划（2014—2020 年）》

10.《北京市城乡规划条例》

11.《北京城市总体规划（2004年—2020年）》

12.《北京市土地利用总体规划（2006—2020年）》

13.《中共北京市委、北京市人民政府关于全面深化改革提升城市规划建设管理水平的意见》

第3条 规划范围

本次规划确定的规划区范围为北京市行政辖区，总面积为16410平方公里。

第4条 规划期限

本次规划期限为2016年至2035年，明确到2035年的城市发展基本框架。近期到2020年，远景展望到2050年。

第一章　落实首都城市战略定位，明确发展目标、规模和空间布局

建设一个什么样的首都？站在新的历史起点上，就是要建设好伟大社会主义祖国的首都、迈向中华民族伟大复兴的大国首都、国际一流的和谐宜居之都。本次城市总体规划深入贯彻习近平总书记系列重要讲话精神和治国理政新理念新思想新战略，坚持以习近平总书记两次视察北京重要讲话精神为根本遵循，立足首都城市战略定位，着眼于新的历史时期首都发展的新要求、新期待，总结新中国成立以来北京城市发展的成功经验，明确发展目标和城市规模，科学规划城市空间布局，提出了各项规划要求。要实现这些战略目标要求，必须解放思想、开阔思路、求真务实、攻坚克难，做好各项工作，通过长期不懈的努力，建设首善之区并不断取得新的成绩，努力开创首都发展更加美好的明天！

第一节　战略定位

第5条　北京城市战略定位是全国政治中心、文化中心、国际交往中心、科技创新中心

北京的一切工作必须坚持全国政治中心、文化中心、国际交往中心、科技创新中心的城市战略定位，履行为中央党政军领导机关工作服务，为国家国际交往服务，为科技和教育发展服务，为改善人民群众生活服务的基本职责。落实城市战略定位，必须有所为有所不为，着力提升首都功能，有效疏解非首都功能，做到服务保障能力同城市战略定位相适应，人口资源环境同城市战略定位相协调，城市布局同城市战略定位相一致。

第 6 条　政治中心

政治中心建设要为中央党政军领导机关提供优质服务，全力维护首都政治安全，保障国家政务活动安全、高效、有序运行。严格规划高度管控，治理安全隐患，以更大范围的空间布局支撑国家政务活动。

第 7 条　文化中心

文化中心建设要充分利用北京文脉底蕴深厚和文化资源集聚的优势，发挥首都凝聚荟萃、辐射带动、创新引领、传播交流和服务保障功能，把北京建设成为社会主义物质文明与精神文明协调发展，传统文化与现代文明交相辉映，历史文脉与时尚创意相得益彰，具有高度包容性和亲和力，充满人文关怀、人文风采和文化魅力的中国特色社会主义先进文化之都。

实施中华优秀传统文化传承发展工程，更加精心保护好北京历史文化遗产这张中华文明的金名片，构建涵盖老城、中心城区、市域和京津冀的历史文化名城保护体系。建设一批世界一流大学和一流学科，培育世界一流文化团体，培养世界一流人才，提升文化软实力和国际影响力。完善公共文化服务设施网络和服务体系，提高市民文明素质和城市文明程度，营造和谐优美的城市环境和向上向善、诚信互助的社会风尚。激发全社会文化创新创造活力，建设具有首都特色的文化创意产业体系，打造具有核心竞争力的知名文化品牌。

第 8 条　国际交往中心

国际交往中心建设要着眼承担重大外交外事活动的重要舞台，服务国家开放大局，持续优化为国际交往服务的软硬件环境，不断拓展对外开放的广度和深度，积极培育国际合作竞争新优势，发挥向世界展示我国改革开放和现代化建设成就的首要窗口作用，努力打造国际交往活跃、国际化服务完善、国际影响力凸显的重大国际活动聚集之都。

优化 9 类国际交往功能的空间布局，规划建设好重大外交外事活动区、国际会议会展区、国际体育文化交流区、国际交通枢纽、外国驻华使馆区、国际商务金融功能区、国际科技文化交流区、国际旅游区、国际组织集聚区等。

第9条 科技创新中心

科技创新中心建设要充分发挥丰富的科技资源优势，不断提高自主创新能力，在基础研究和战略高技术领域抢占全球科技制高点，加快建设具有全球影响力的全国科技创新中心，努力打造世界高端企业总部聚集之都、世界高端人才聚集之都。

坚持提升中关村国家自主创新示范区的创新引领辐射能力，规划建设好中关村科学城、怀柔科学城、未来科学城、创新型产业集群和"中国制造2025"创新引领示范区，形成以三城一区为重点，辐射带动多园优化发展的科技创新中心空间格局，构筑北京发展新高地，推进更具活力的世界级创新型城市建设，使北京成为全球科技创新引领者、高端经济增长极、创新人才首选地。

第二节 发展目标

第10条 建设国际一流的和谐宜居之都

与迈向"两个一百年"奋斗目标和中华民族伟大复兴中国梦的历史进程相适应，建设国际一流的和谐宜居之都，是北京坚持新发展理念的必然要求，是落实"四个中心"城市战略定位、履行"四个服务"基本职责的有力支撑，是全市人民的共同愿望。立足北京实际，突出中国特色，按照国际一流标准，坚持以人民为中心的发展思想，把北京建设成为在政治、科技、文化、社会、生态等方面具有广泛和重要国际影响力的城市，建设成为人民幸福安康的美好家园。充分发挥首都辐射带动作用，推动京津冀协同发展，打造以首都为核心的世界级城市群。

第11条 2020年发展目标

建设国际一流的和谐宜居之都取得重大进展，率先全面建成小康社会，疏解非首都功能取得明显成效，"大城市病"等突出问题得到缓解，首都功能明显增强，初步形成京津冀协同发展、互利共赢的新局面。

——中央政务、国际交往环境及配套服务水平得到全面提升。

——初步建成具有全球影响力的科技创新中心。

——全国文化中心地位进一步增强，市民素质和城市文明程度显著提高。

——人民生活水平和质量普遍提高，公共服务体系更加健全，基本公共服务均等化水平稳步提升。

——生态环境质量总体改善，生产方式和生活方式的绿色低碳水平进一步提升。

第 12 条　2035 年发展目标

初步建成国际一流的和谐宜居之都，"大城市病"治理取得显著成效，首都功能更加优化，城市综合竞争力进入世界前列，京津冀世界级城市群的构架基本形成。

——成为拥有优质政务保障能力和国际交往环境的大国首都。

——成为全球创新网络的中坚力量和引领世界创新的新引擎。

——成为彰显文化自信与多元包容魅力的世界文化名城。

——成为生活更方便、更舒心、更美好的和谐宜居城市。

——成为天蓝、水清、森林环绕的生态城市。

第 13 条　2050 年发展目标

全面建成更高水平的国际一流的和谐宜居之都，成为富强民主文明和谐美丽的社会主义现代化强国首都、更加具有全球影响力的大国首都、超大城市可持续发展的典范，建成以首都为核心、生态环境良好、经济文化发达、社会和谐稳定的世界级城市群。

——成为具有广泛和重要国际影响力的全球中心城市。

——成为世界主要科学中心和科技创新高地。

——成为弘扬中华文明和引领时代潮流的世界文脉标志。

——成为富裕文明、安定和谐、充满活力的美丽家园。

——全面实现超大城市治理体系和治理能力现代化。

第三节　城市规模

坚持集约发展，框定总量、限定容量、盘活存量、做优增量、提高质量，以资源环境承载能力为硬约束，确定人口规模、用地规模和平原地区开发强度，切实减重、减负，实施人口规模、建设规模双控，倒逼发展方式转变、产业结构转型升级、城市功能优化调整，实现各项城市发展目标之间协调统一。

第 14 条　严格控制人口规模，优化人口分布

按照以水定人的要求，根据可供水资源量和人均水资源量，确定北京市常住人口规模到 2020 年控制在 2300 万人以内，2020 年以后长期稳定在这一水平。

1. 调整人口空间布局

通过疏解非首都功能，实现人随功能走、人随产业走。降低城六区人口规模，城六区常住人口在 2014 年基础上每年降低 2—3 个百分点，争取到 2020 年下降约 15 个百分点，控制在 1085 万人左右，到 2035 年控制在 1085 万人以内。城六区以外平原地区的人口规模有减有增、增减挂钩。山区保持人口规模基本稳定。

2. 优化人口结构

形成与首都城市战略定位、功能疏解提升相适应的人口结构。制定科学合理的公共服务政策，发挥公共服务导向对人口结构的调节作用。加快农村人口城镇化进程。积极应对人口老龄化问题。提升人口整体素质。采取综合措施，保持人口合理有序流动，提高城市发展活力。

3. 改善人口服务管理

构建面向城市实际服务人口的服务管理全覆盖体系，建立以居住证为载体的公共服务提供机制，扩大基本公共服务覆盖面，提高公共服务均等化水平。在常住人口 2300 万人控制规模的基础上，考虑城市实际服务人口的合理需求和安全保障。

4. 完善人口调控政策机制

健全分区域差异化的人口调控机制，实现城六区人口规模减量与其他区人口规模增量控制相衔接。加强全市落户政策统筹，建立更加规范的户籍管理体系，稳步实施常住人口积分落户制度。强化规划、土地、财政、税收、价格等政策调控作用，加强以房管人、以业控人。强化主体责任，落实人口调控工作责任制。

5. 转变发展方式，大幅提高劳动生产率

到 2020 年全社会劳动生产率由现状 19.6 万元 / 人提高到约 23 万元 / 人。

第 15 条　实现城乡建设用地规模减量

坚守建设用地规模底线，严格落实土地用途管制制度。到 2020 年全市建设用地

总规模（包括城乡建设用地、特殊用地、对外交通用地及部分水利设施用地）控制在3720平方公里以内，到 2035 年控制在 3670 平方公里左右。促进城乡建设用地减量提质和集约高效利用，到 2020 年城乡建设用地规模由现状 2921 平方公里减到 2860 平方公里左右，到 2035 年减到 2760 平方公里左右。

1. 建立以规划实施单元为基础、以政策集成为平台的增减挂钩实施机制，变单一项目平衡为区域平衡，全市城乡建设用地实施的平均拆占比为 1：0.7—1：0.5。

2. 实施经营性建设用地供应与减量挂钩，全面实施先供先摊方式供地。合理确定经营性建设用地供应规模和结构，鼓励优先利用存量建设用地。

3. 重点实施集体建设用地减量，大力推进农村集体工矿用地整治，积极稳妥推进农村居民点整理。

4. 严厉打击违法建设行为，坚决遏制新增违法建设，实现违法建设零增长；通过腾退整治，实现既有违法建设清零。建立拆除腾退后续管控利用机制，完善属地负责、部门联动的违法建设查处与考核问责机制。

第 16 条　降低平原地区开发强度

减少平原地区城乡建设用地规模，调整用地结构，合理保障区域交通市政基础设施、公共服务设施用地，拓展生态空间，到 2020 年平原地区开发强度由现状 46% 下降到 45% 以内，到 2035 年力争下降到 44%。

北京市平原地区面积约 6338 平方公里。降低平原地区开发强度，关键是减少总量、多减少增、优化结构。着力压缩一般城乡建设用地规模，适当增加重点服务保障建设用地规模，降低建设用地面积占平原地区面积的比例。加强分类指导，按照不同区域确定相应开发强度。

第四节　空间布局

第 17 条　构建"一核一主一副、两轴多点一区"的城市空间结构

为落实城市战略定位、疏解非首都功能、促进京津冀协同发展，充分考虑延续古都历史格局、治理"大城市病"的现实需要和面向未来的可持续发展，着眼打造以首

都为核心的世界级城市群，完善城市体系，在北京市域范围内形成"一核一主一副、两轴多点一区"的城市空间结构，着力改变单中心集聚的发展模式，构建北京新的城市发展格局。

1. 一核：首都功能核心区

首都功能核心区总面积约92.5平方公里。

2. 一主：中心城区

中心城区即城六区，包括东城区、西城区、朝阳区、海淀区、丰台区、石景山区，总面积约1378平方公里。

3. 一副：北京城市副中心

北京城市副中心规划范围为原通州新城规划建设区，总面积约155平方公里。

4. 两轴：中轴线及其延长线、长安街及其延长线

中轴线及其延长线为传统中轴线及其南北向延伸，传统中轴线南起永定门，北至钟鼓楼，长约7.8公里，向北延伸至燕山山脉，向南延伸至北京新机场、永定河水系。

长安街及其延长线以天安门广场为中心东西向延伸，其中复兴门到建国门之间长约7公里，向西延伸至首钢地区、永定河水系、西山山脉，向东延伸至北京城市副中心和北运河、潮白河水系。

5. 多点：5个位于平原地区的新城

多点包括顺义、大兴、亦庄、昌平、房山新城，是承接中心城区适宜功能和人口疏解的重点地区，是推进京津冀协同发展的重要区域。

6. 一区：生态涵养区

生态涵养区包括门头沟区、平谷区、怀柔区、密云区、延庆区，以及昌平和房山区的山区，是京津冀协同发展格局中西北部生态涵养区的重要组成部分，是北京的大氧吧，是保障首都可持续发展的关键区域。

第二章　有序疏解非首都功能，优化提升首都功能

怎样建设首都？必须抓住京津冀协同发展战略契机，以疏解非首都功能为"牛鼻子"，统筹考虑疏解与整治、疏解与提升、疏解与承接、疏解与协同的关系，突出把握首都发展、减量集约、创新驱动、改善民生的要求，大力调整空间结构，明确核心区功能重组、中心城区疏解提升、北京城市副中心和河北雄安新区形成北京新的两翼、平原地区疏解承接、新城多点支撑、山区生态涵养的规划任务，从而优化提升首都功能，做到功能清晰、分工合理、主副结合，走出一条内涵集约发展的新路子，探索出人口经济密集地区优化开发的新模式，为实现首都长远可持续发展奠定坚实基础。

第一节　建设政务环境优良、文化魅力彰显和人居环境一流的首都功能核心区

第18条　功能定位与发展目标

核心区是全国政治中心、文化中心和国际交往中心的核心承载区，是历史文化名城保护的重点地区，是展示国家首都形象的重要窗口地区。

充分体现城市战略定位，全力做好"四个服务"，维护安全稳定，保障中央党政军领导机关高效开展工作。保护古都风貌，传承历史文脉。有序疏解非首都功能，加强环境整治，优化提升首都功能。改善人居环境，补充完善城市基本服务功能，加强精细化管理，创建国际一流的和谐宜居之都的首善之区。

第19条　保障安全、优良的政务环境

1. 加强建筑高度控制

严格控制建筑高度，严格管控高层建筑审批，提升安全保障水平。

2. 为中央和国家机关优化布局提供条件

有序推动核心区内市级党政机关和市属行政事业单位疏解，并带动其他非首都功能疏解。结合功能重组与传统平房区保护更新，完善工作生活配套设施，提高中央党政军领导机关服务保障水平。

3. 加强综合整治，营造良好政务环境

完成重点片区疏解和环境整治，优化调整用地功能，提升景观质量，创造安全、整洁、有序的政务环境。

4. 腾退被占用重要文物，增加国事活动场所

推动被占用文物的腾退和功能疏解，结合历史经典建筑及园林绿地腾退、修缮和综合整治，为国事外交活动提供更多具有优美环境和文化品位的场所。

第20条　优化空间布局，推进功能重组

突出两轴政治、文化功能，加强老城整体保护，打造沿二环路的文化景观环线，推动二环路外多片地区优化发展，重塑首都独有的壮美空间秩序，再现世界古都城市规划建设的无比杰作。

1. 继承发展传统城市中轴线和长安街形成的两轴格局，优化完善政治中心、文化中心功能，展现大国首都形象和中华文化魅力。

2. 推动老城整体保护与复兴，建设承载中华优秀传统文化的代表地区

62.5平方公里的老城范围内，以各类重点文物、文化设施、重要历史场所为带动点，以街道、水系、绿地和文化探访路为纽带，以历史文化街区等成片资源为依托，打造文化魅力场所、文化精品线路、文化精华地区相结合的文化景观网络系统。严守整体保护要求，处理好保护与利用、物质与非物质文化遗产、传承与创新的关系，使老城成为保有古都风貌、弘扬传统文化、具有一流文明风尚的世界级文化典范地区。

3. 提高二环路沿线重点区域发展质量，建设文化景观环线

调整功能区结构，提升发展效益与城市服务水平。北京站、东直门、西直门、永定门等交通枢纽地区，调整功能定位，提高周边地区业态水平，加强地区环境治理，整顿交通秩序，建设环境优美、服务优质、秩序良好的城市门户。

加强沿线区域空间管控，严控建筑规模和高度，保持老城平缓开阔的空间形态。依托德胜门箭楼、古观象台、内城东南角楼、外城东南角楼、明城墙遗址等若干重要节点，开展二环路沿线环境综合整治及景观提升，贯通步行和非机动车系统，完善绿地体系，建设城墙遗址公园环，形成展示历史人文遗迹和现代化首都风貌的文化景观环线。

4.引导二环路以外8个片区存量资源优化利用

二环路以外的德胜门外、西直门外、复兴门外、广安门外、永定门外、广渠门外、东直门外和安定门外8个片区，有序疏解非首都功能，创造整洁、文明、有序的工作生活环境。严格管控疏解腾退空间，完善公共绿地、社区公共服务设施、交通市政基础设施、城市安全设施，提高宜居水平和服务能力。

第21条　有序疏解非首都功能

1.疏解腾退区域性商品交易市场

关停、转移区域性批发类商品交易市场。对疏解腾退空间进行改造提升、业态转型和城市修补，补足为本地居民服务的菜市场、社区便民服务等设施。

2.疏解大型医疗机构

严禁在核心区新设综合性医疗机构和增加床位数量。引导鼓励大型医院在外围地区建设新院区，压缩核心区内门诊量与床位数。

3.调整优化传统商业区

优化升级王府井、西单、前门传统商业区业态，不再新增商业功能。促进其向高品质、综合化发展，突出文化特征与地方特色。加强管理，改善环境，提高公共空间品质。

4.推动传统平房区保护更新

按照整体保护、人口减量、密度降低的要求，推进历史文化街区、风貌协调区及其他成片传统平房区的保护和有机更新。建立内外联动机制，促进人口有序疏解，改善居民工作生活条件。

第 22 条　加强精细化管理，创建一流人居环境

1. 改善背街小巷等公共空间面貌，营造宜居环境

深化完善核心区网格化服务管理，提升公共空间管理水平。落实街巷长制，建立长效管理机制，整治提升背街小巷，建设"十无五好"文明街巷。提高环卫保洁标准，开展绿化美化建设，完善公共服务设施，规范环境秩序。让街巷胡同成为有绿荫处、有鸟鸣声、有老北京味的清净、舒适的公共空间。

2. 加强房屋管理，确保合理、合法、有序利用

加强公房管理，治理直管公房违规转租及群租、私搭乱建等问题，提升房屋利用质量与效率。开展老旧小区综合整治和适老化改造，增加坡道、电梯等设施。

3. 提升生活性服务业品质，提高生活便利度

制定准入名单与机制，规范提升小型服务业，做好网点布局规划，打造规范化、品牌化、连锁化、便利化的社区商业服务网络。

4. 加强旅游治理，营造整洁、有序的游览环境

加强旅游路线引导，完善故宫等重点景区周边交通疏导方案，规范胡同游和旅游大巴停放管理。外迁现有旅游集散中心，引导游客通过公共交通进入。加强景点周边管理，统筹旅游配套服务设施建设。

5. 加强交通治理，改善出行环境

提高智能交通管理水平，实现包括胡同在内的停车管理全覆盖，提高现有停车设施利用效率，因地制宜开展停车场建设。打通未实施次干路和支路，综合整治道路空间，改善步行和自行车出行环境。

6. 完善基础设施，切实改善民生

采取低影响开发、雨污分流、截流和调蓄等综合措施改造老城排水系统，降低内涝风险，减少溢流污染。推广四合院厕所入院、入户。推进生活垃圾源头分类与再生资源回收有效衔接，实现垃圾分类全覆盖。全面推进架空线整治，实现主次干道架空线全部入地。

7. 制定政策法规，鼓励存量更新

针对四合院、工业遗产、近现代建筑等特色存量资源，制定完善相应政策法规，

鼓励发展符合核心区功能定位、适应老城整体保护要求、高品质的特色文化产业。

第二节 推进中心城区功能疏解提升，增强服务保障能力

第 23 条 功能定位与发展目标

中心城区是全国政治中心、文化中心、国际交往中心、科技创新中心的集中承载地区，是建设国际一流的和谐宜居之都的关键地区，是疏解非首都功能的主要地区。

以疏解非首都功能、治理"大城市病"为切入点，完善配套设施，保障和服务首都功能的优化提升。完善分散集团式空间布局，严格控制城市规模。推进城市修补和生态修复，提升城市品质和生态水平，增强人民群众获得感。

第 24 条 优化提升首都功能，增强城市综合竞争力和国际影响力

以两轴为统领，围绕核心区，在西北部地区、东北部地区、南部地区形成主体功能、混合用地的空间布局，保障和服务首都功能优化提升。

1. 西北部地区

主要指海淀区、石景山区。海淀区应建设成为具有全球影响力的全国科技创新中心核心区，服务保障中央政务功能的重要地区，历史文化传承发展典范区，生态宜居和谐文明示范区，高水平新型城镇化发展路径的实践区。石景山区应建设成为国家级产业转型发展示范区，绿色低碳的首都西部综合服务区，山水文化融合的生态宜居示范区。西北部地区应充分发挥智力密集优势，加强高等学校、科研院所、产业功能区的资源整合，不断优化科技创新服务环境，提升科技创新和文化创意产业发展水平。

2. 东北部地区

主要指朝阳区东部、北部地区。应强化国际交往功能，建设成为国际一流的商务中心区、国际科技文化体育交流区、各类国际化社区的承载地。提升区域文化创新力和公共文化服务能力，塑造创新引领的首都文化窗口区。规范和完善多样化、国际化的城市服务功能，展现良好的对外开放形象。建成大尺度生态环境建设示范区、高水平城市化综合改革先行区。

3. 南部地区

主要指丰台区、朝阳区南部地区。丰台区应建设成为首都高品质生活服务供给的重要保障区，首都商务新区，科技创新和金融服务的融合发展区，高水平对外综合交通枢纽，历史文化和绿色生态引领的新型城镇化发展区。朝阳区南部应将传统工业区改造为文化创意与科技创新融合发展区。加强南部地区基础设施和环境建设投入，全面腾退、置换不符合城市战略定位的功能和产业，为首都生产生活提供高品质服务保障，促进南北均衡发展。

第 25 条　降低人口密度，严控建设总量，调整用地结构，严控建筑高度

1. 降低人口密度

到 2020 年中心城区集中建设区常住人口密度由现状 1.4 万人 / 平方公里下降到 1.2 万人 / 平方公里左右，到 2035 年控制在 1.2 万人 / 平方公里以内。

2. 严控建设总量

到 2020 年中心城区城乡建设用地由现状约 910 平方公里减到 860 平方公里左右，到 2035 年减到 818 平方公里左右。中心城区规划总建筑规模动态零增长。

3. 调整用地结构

压缩中心城区产业用地，严格执行新增产业禁止和限制目录。适度增加居住及配套服务设施用地，优化居住与就业关系。增加绿地、公共服务设施和交通市政基础设施用地。

4. 严控建筑高度

加强建筑高度整体管控，严格控制超高层建筑（100 米以上）的高度和选址布局。加强中轴线及其延长线、长安街及其延长线的建筑高度管控，形成良好的城市空间秩序。加强山体周边、河道两侧建筑高度管控，创造舒适宜人的公共空间。

第 26 条　坚持疏解整治促提升，在疏解中实现更高水平发展

1. 疏解非首都功能与城市综合整治并举

把疏解非首都功能、城市综合整治与人口调控紧密挂钩。持续开展疏解整治促提升专项行动：拆除违法建设；疏解一般性制造企业；疏解区域性专业市场；疏解部分

公共服务功能；占道经营、无证无照经营和开墙打洞整治；城乡结合部整治改造；中心城区老旧小区综合整治；中心城区重点区域整治提升；地下空间和群租房整治；棚户区改造、直管公房及商改住清理整治。

2.疏解存量与严控增量结合

坚决退出一般性产业，严禁再发展高端制造业的生产加工环节，重点推进基础科学、战略前沿技术和高端服务业创新发展。

推进区域性物流基地和区域性专业市场疏解。严禁在三环路内新建和扩建物流仓储设施。严禁新建和扩建各类区域性批发市场，为市民提供保障的农副产品批发市场逐步实现经营方式转变和业态升级。

疏解部分普通高等学校本科教育、中等职业教育、以面向全国招生为主的一般性培训机构和具备条件的文化团体。严禁高等学校扩大占地规模，严控新增建筑规模，严控办学规模。鼓励支持五环路内现有综合性医疗机构向外迁建或疏解。

有序推动市级党政机关和市属行政事业单位整体或部分向北京城市副中心转移，带动中心城区其他相关功能和人口疏解。

3.空间腾退与功能优化提升对接

疏解腾退空间优先用于保障中央政务功能，预留重要国事活动空间，用于发展文化与科技创新功能，用于增加绿地和公共空间，用于补充公共服务设施、增加公共租赁住房、改善居民生活条件，用于完善交通市政基础设施，保障城市安全高效运行。

建立疏解腾退空间管理机制，分区分类加强管控。健全约束和激励政策机制，完善投融资、土地、财税等方面存量更新配套政策。

第27条 加强城市修补，坚持"留白增绿"，创造优良人居环境

健全公众参与和街区人居环境评估机制，针对城市薄弱地区和环节，开展"留白增绿"、补齐短板、改善环境、提升品质的城市修补工作。

1.因地制宜，增加绿地游憩空间

通过腾退还绿、疏解建绿、见缝插绿等途径，增加公园绿地、小微绿地、活动广场，为人民群众提供更多游憩场所。

2.补齐短板，提高民生保障和服务水平

动态评估街区规划实施情况，明确各街区需补充的公共服务设施，依托街区、社

区搭建协作平台，制定修补方案，重点填补与人民群众紧密相关的基础教育、社区医疗、养老、文化、体育、商业等基层设施欠账。

3.提高公共交通服务水平，改善交通出行环境

继续加密规划功能区、交通枢纽等重点地区轨道交通线网，加强轨道交通车站地区功能、交通、环境一体化规划建设。打通"断头路"，加快规划道路实施，提高道路网密度，优先保障步行、自行车出行和公交出行空间。加强停车环境综合治理，分区分类有序补充居住区基本停车位。实施更严格的交通需求管控。

4.逐步打开封闭小区和单位大院

新建住宅推广街区制，原则上不再建设封闭住宅小区。推动建设开放便捷、尺度适宜、配套完善、邻里和谐的生活街区。制定打开封闭住宅小区和单位大院的鼓励政策，疏通道路"毛细血管"，提升城市通透性和微循环能力。

第28条 开展生态修复，建设两道一网，提高生态空间品质

对绿地、水系、湿地等自然资源和生态空间开展生态环境评估，针对问题区域开展生态修复。重点规划建设绿道系统、通风廊道系统、蓝网系统。研究建立生态修复支持机制，不断提高生态空间品质。

1.构建多功能、多层次的绿道系统

依托绿色空间、河湖水系、风景名胜、历史文化等自然和人文资源，构建层次鲜明、功能多样、内涵丰富、顺畅便捷的绿道系统。以市级绿道带动区级、社区绿道建设，形成市、区、社区三级绿道网络。到2020年中心城区建成市、区、社区三级绿道总长度由现状约311公里增加到约400公里，到2035年增加到约750公里。

2.构建多级通风廊道系统

建设完善中心城区通风廊道系统，提升建成区整体空气流通性。到2035年形成5条宽度500米以上的一级通风廊道，多条宽度80米以上的二级通风廊道，远期形成通风廊道网络系统。划入通风廊道的区域严格控制建设规模，逐步打通阻碍廊道连通的关键节点。

3.构建水城共生的蓝网系统

构建由水体、滨水绿化廊道、滨水空间共同组成的蓝网系统。通过改善流域生态

环境，恢复历史水系，提高滨水空间品质，将蓝网建设成为服务市民生活、展现城市历史与现代魅力的亮丽风景线。到2020年中心城区景观水系岸线长度由现状约180公里增加到约300公里，到2035年增加到约500公里。

第三节 高水平规划建设北京城市副中心，示范带动非首都功能疏解

第29条 功能定位与发展目标

北京城市副中心为北京新两翼中的一翼。应当坚持世界眼光、国际标准、中国特色、高点定位，以创造历史、追求艺术的精神，以最先进的理念、最高的标准、最好的质量推进北京城市副中心规划建设，着力打造国际一流的和谐宜居之都示范区、新型城镇化示范区和京津冀区域协同发展示范区。

紧紧围绕对接中心城区功能和人口疏解，发挥对疏解非首都功能的示范带动作用，促进行政功能与其他城市功能有机结合，以行政办公、商务服务、文化旅游为主导功能，形成配套完善的城市综合功能。

北京城市副中心规划范围约155平方公里，外围控制区即通州全区约906平方公里，进而辐射带动廊坊北三县地区协同发展。

到2020年北京城市副中心常住人口规模调控目标为100万人左右；到2035年常住人口规模调控目标为130万人以内，就业人口规模调控目标为60—80万人。通过有序推动市级党政机关和市属行政事业单位搬迁，带动中心城区其他相关功能和人口疏解，到2035年承接中心城区40—50万常住人口疏解。

到2020年北京城市副中心规划区主要基础设施建设框架基本形成，主要功能节点初具规模；到2035年初步建成国际一流的和谐宜居现代化城区。

第30条 构建"一带、一轴、多组团"的城市空间结构

遵循中华营城理念、北京建城传统、通州地域文脉，构建蓝绿交织、清新明亮、水城共融、多组团集约紧凑发展的生态城市布局，形成"一带、一轴、多组团"的空间结构。一带是以大运河为骨架，构建城市水绿空间格局，形成一条蓝绿交织的生态文明带，沿运河布置运河商务区、北京城市副中心交通枢纽地区、城市绿心3个功能

节点。一轴是沿六环路形成创新发展轴，向外纵向联系北京东部地区和北京首都国际机场、北京新机场，对内串联宋庄文化创意产业集聚区、行政办公区、城市绿心、北京环球主题公园及度假区等 4 个功能节点。多组团是依托水网、绿网和路网形成 12 个民生共享组团，建设职住平衡、宜居宜业的城市社区。

第 31 条　突出水城共融、蓝绿交织、文化传承的城市特色

1. 建设水城共融的生态城市

顺应现状水系脉络，科学梳理、修复、利用流域水脉网络，建立区域外围分洪体系，形成上蓄、中疏、下排多级滞洪缓冲系统，涵养城市水源，将北运河、潮白河、温榆河等水系打造成景观带，亲水开敞空间 15 分钟步行可达。

2. 建设蓝绿交织的森林城市

构建大尺度绿色空间，促进城绿融合发展，形成"两带、一环、一心"的绿色空间结构。两带是位于北京城市副中心与中心城区、廊坊北三县地区东西两侧分别约一公里、三公里宽的生态绿带；一环是在北京城市副中心外围形成环城绿色休闲游憩环，长度约 56 公里；一心即城市绿心，约 11.2 平方公里，通过对原东方化工厂地区进行生态治理，建设公园绿地及若干公共文化设施，打造市民中心。规划建设 33 个公园。

3. 建设古今同辉的人文城市

深入挖掘、保护与传承以大运河为重点的历史文化资源，对路县故城（西汉）、通州古城（北齐）、张家湾古镇（明嘉靖）进行整体保护和利用，改造和恢复玉带河约 7.5 公里古河道及古码头等历史遗迹。通过恢复历史文脉肌理，置入新的城市功能，古为今用，提升北京城市副中心文化创新活力。

第 32 条　坚持用最先进的理念和国际一流的水准规划建设管理北京城市副中心

1. 高标准规划建设交通市政基础设施体系

构建以北京城市副中心为交通枢纽门户的对外综合交通体系，打造不同层级轨道为主、多种交通方式协调共存的复合型交通走廊。以北京城市副中心站客运枢纽为节

点组织城际交通和城市交通转换。建设以公共交通为主导的北京城市副中心内部综合交通体系。加强北京城市副中心与中心城区、北京城市副中心与各新城之间的快速便捷联系，建设七横三纵的轨道交通线网，建设五横两纵的高速公路、快速路网络。

2.着力建设一批精品力作，提升城市魅力

加强主要功能区块、主要景观、主要建筑物的设计，汇聚国内国际智慧，提高剧院、音乐厅、图书馆、博物馆、体育中心等重要公共设施设计水平。统筹考虑城市整体风貌、文化传承与保护，加强建筑设计系统引导，建设一批精品力作。

3.坚持建管并举，努力使未来北京城市副中心成为没有"城市病"的城区

创新城市综合管理体制，推进城市管理综合执法。集成应用海绵城市、综合管廊、智慧城市等新技术新理念，实现城市功能良性发展和配套完善。建设空气清新、水清岸绿、生态环境友好的城区，高标准的公交都市，步行和自行车友好的城区，密度适宜、住有所居、职住平衡、宜居宜业的城区，建成环境整洁优美有序的全国文明城区。

第33条 实现北京城市副中心与廊坊北三县地区统筹发展

北京城市副中心承担着示范带动非首都功能疏解和推进区域协同发展的历史责任。北京城市副中心与廊坊北三县地区地域相接、互动性强，需要建立统筹协调机制，加强重点领域合作，做到统一规划、统一政策、统一管控，实现统筹融合发展。

共同划定生态控制线和城市开发边界，加强开发强度统一管控。形成一洲、两楔、多廊、多斑块的整体生态空间格局，依托潮白河、大运河流域建设大尺度生态绿洲。

发挥北京科技创新引领作用，支持廊坊北三县地区产业转型升级，发展高新产业。促进跨区域交通基础设施互联互通、市政基础设施共建共享。促进廊坊北三县地区公共服务配套，缩小区域差距。防止贴边大规模房地产开发。

第四节 以两轴为统领，完善城市空间和功能组织秩序

第34条 完善中轴线及其延长线

中轴线及其延长线以文化功能为主，是体现大国首都文化自信的代表地区。既要

延续历史文脉，展示传统文化精髓，又要做好有机更新，体现现代文明魅力。

1. 中轴线既是历史轴线，也是发展轴线。注重保护与有机更新相衔接，完善传统轴线空间秩序，全面展示传统文化精髓。

2. 完善奥林匹克中心区国际交往、国家体育文化功能，依托奥林匹克森林公园、北部森林公园等增加生态空间。

3. 结合南苑地区改造推进功能优化和资源整合。结合南海子公园、团河行宫建设南中轴森林公园。

4. 结合北京新机场建设城市南部国际交往新门户。

第35条 完善长安街及其延长线

长安街及其延长线以国家行政、军事管理、文化、国际交往功能为主，体现庄严、沉稳、厚重、大气的形象气质。

1. 以天安门广场、中南海地区为重点，优化中央政务环境，高水平服务保障中央党政军领导机关工作和重大国事外交活动举办。

2. 以金融街、三里河、军事博物馆地区为重点，完善金融管理、国家行政和军事管理功能。

3. 以北京商务中心区、使馆区为重点，提升国际商务、文化、国际交往功能。

4. 加强延伸至北京城市副中心的景观大道建设，提升东部地区城市综合功能和环境品质。

5. 整合石景山—门头沟地区空间资源，为城市未来发展提供空间。

第五节 强化多点支撑，提升新城综合承接能力

第36条 功能定位

顺义、大兴、亦庄、昌平、房山的新城及地区，是首都面向区域协同发展的重要战略门户，也是承接中心城区适宜功能、服务保障首都功能的重点地区。坚持集约高效发展，控制建设规模，提升城市发展水平和综合服务能力，建设高新技术和战略性

新兴产业集聚区、城乡综合治理和新型城镇化发展示范区。

顺义：港城融合的国际航空中心核心区；创新引领的区域经济提升发展先行区；城乡协调的首都和谐宜居示范区。

大兴：面向京津冀的协同发展示范区；科技创新引领区；首都国际交往新门户；城乡发展深化改革先行区。

亦庄：具有全球影响力的创新型产业集群和科技服务中心；首都东南部区域创新发展协同区；战略性新兴产业基地及制造业转型升级示范区；宜居宜业绿色城区。

昌平：首都西北部重点生态保育及区域生态治理协作区；具有全球影响力的全国科技创新中心重要组成部分和国际一流的科教新区；特色历史文化旅游和生态休闲区；城乡综合治理和协调发展的先行示范区。

房山：首都西南部重点生态保育及区域生态治理协作区；京津冀区域京保石发展轴上的重要节点；科技金融创新转型发展示范区；历史文化和地质遗迹相融合的国际旅游休闲区。

第37条 发展目标与管控要求

1. 围绕首都功能，提高发展水平

加强与中心城区联动发展，积极承接发展与首都定位相适应的文化、科技、国际交往等功能，提升服务保障首都功能的能力，提高发展定位，高端培育增量，疏解和承接相结合，实现更高水平、更可持续发展。

发挥面向区域协同发展的前沿作用，充分发挥北京首都国际机场、北京新机场两大国际航空枢纽和城际轨道交通的优势，加强对外交通枢纽与城市功能整合，重点承接服务全国和区域的商务商贸、专科医疗、教育培训等功能。

2. 严格控制城市开发边界，增加绿色空间，改善环境品质

通过环境整治和腾退集中建设区外的低效集体建设用地，建设城镇组团间的连片绿色生态空间。调整农业结构，更加注重农业生态功能，提高都市型现代农业发展水平。加强平原地区农田林网、河湖湿地的生态恢复，构建滨河森林公园体系以及郊野公园环，为市民提供宜人的绿色休闲空间。

3. 提升城镇化水平，营造宜居宜业环境

应对承接中心城区人口和本地城镇化双重任务，着力推进人口、产业、居住、服

务均衡发展。强化分工协作，发挥比较优势，做强新城核心产业功能区，做优新城公共服务中心及社区服务圈，满足多层次、多样化、城乡均等的公共服务需求，建设便利高效、宜业有活力、宜居有魅力的新城。

第六节　推进生态涵养区保护与绿色发展，建设北京的后花园

第38条　功能定位

生态涵养区是首都重要的生态屏障和水源保护地，也是城乡一体化发展的敏感区域，应将保障首都生态安全作为主要任务，坚持绿色发展，建设宜居宜业宜游的生态发展示范区、展现北京历史文化和美丽自然山水的典范区。

门头沟：首都西部重点生态保育及区域生态治理协作区；首都西部综合服务区；京西特色历史文化旅游休闲区。

平谷：首都东部重点生态保育及区域生态治理协作区；服务首都的综合性物流口岸；特色休闲及绿色经济创新发展示范区。

怀柔：首都北部重点生态保育及区域生态治理协作区；服务国家对外交往的生态发展示范区；绿色创新引领的高端科技文化发展区。

密云：首都最重要的水源保护地及区域生态治理协作区；国家生态文明先行示范区；特色文化旅游休闲及创新发展示范区。

延庆：首都西北部重要生态保育及区域生态治理协作区；生态文明示范区；国际文化体育旅游休闲名区；京西北科技创新特色发展区。

昌平和房山的山区，按照生态涵养区的总体要求，着力建设首都西北、西南部生态屏障，构建较高品质的特色历史文化旅游和生态休闲区。

第39条　发展目标与管控要求

1. 坚守生态屏障，尽显绿水青山

坚持生态保育、生态建设和生态修复并重，加强水源保护区、自然保护区、风景名胜区、森林公园、野生动物栖息地、风沙防护区的保护，切实控制水土流失，强化小流域综合治理。建立国家公园体制，创新区域管理、资源保护、社区发展和资金投

入模式，推动文化遗产和自然生态保护相互促进。积极推进区域生态协作，建设环首都森林湿地公园。

2. 培育内生活力，彰显生态价值

坚持生态环境保护与农民生活改善相协调、与山区乡镇生态化发展相促进，发挥自然山水优势和民俗文化特色，促进山区特色生态农业与旅游休闲服务融合发展。依托资源特色和发展基础，适度承接与绿色生态发展相适应的科技创新、国际交往、会议会展、文化服务、健康养老等部分功能，形成文化底蕴深厚、山水风貌协调、宜居宜业宜游的绿色发展示范区。

3. 落实生态补偿，缩小城乡差距

强化城乡发展与生态保护的共同责任，将多元化生态补偿机制作为促进山区可持续发展的重要保障，重点支持水资源保护、生态保育建设、污染治理、危村险村搬迁安置、基础设施和基本公共服务提升，切实改善乡村地区生产生活条件。

第七节 加强统筹协调，实现城市整体功能优化

第40条 在市域范围内实现主副结合发展、内外联动发展、南北均衡发展、山区和平原地区互补发展

1. 主副结合发展

加强中心城区非首都功能和人口疏解与北京城市副中心承接的紧密对接、良性互动。加强北京城市副中心与顺义、平谷、大兴（亦庄）等东部各区联动发展，实现与廊坊北三县地区统筹发展，发挥北京城市副中心服务优化提升首都功能、服务全市人民、进而辐射推进京津冀区域协同发展的作用。

2. 内外联动发展

加强中心城区功能有序疏解与外围各区合理承接的衔接，提高新城宜居水平和吸引力，实现人随功能走、人随产业走，迁得出去、落得下来。对具有共同产业基础和发展方向的邻近地区，加强要素整合和优势互动，促进区域一体化发展。

3. 南北均衡发展

着力改善南北发展不均衡的局面，以北京新机场建设为契机，改善南部地区交

通市政基础设施条件。以永定河、凉水河为重点加强河道治理，改善南部地区生态环境。加强公共服务设施建设，缩小教育、医疗服务水平差距。以北京经济技术开发区、北京新机场临空经济区、丽泽金融商务区、南苑—大红门地区、北京中关村南部（房山）科技创新城、中关村朝阳园（垡头地区）等重点功能区建设为依托，带动优质要素在南部地区集聚。

4.山区和平原地区互补发展

积极推进区域生态协作，加强山区整体生态保育和废弃矿山治理、地质灾害隐患点防治等生态修复建设。制定配套政策机制，实现历史文化、生态景观和旅游资源跨区域统筹，提升生态涵养区综合发展效益。加强生态涵养区内邻近地区的功能整合、基础设施共享和生态共建。大力支持山区生态屏障建设，建立完善转移支付机制，创新建设用地指标合理转移和利益共享机制。

第三章 科学配置资源要素，实现城市可持续发展

坚定不移疏解非首都功能，为提升首都功能、发展水平腾出空间，优化城市功能和空间结构布局。突出创新发展，依靠科技、金融、文化创意等服务业以及集成电路、新能源等高技术产业和新兴产业来支撑。统筹把握生产、生活、生态空间的内在联系，增加生态、居住、生活服务用地，减少种植业、工业、办公用地，形成生活用地和办公用地的合理比例。综合考虑城市环境容量和综合承载能力，加强城市生产系统和生活系统循环链接，促进水与城市协调发展、职住平衡发展、地上地下协调发展，实现更有创新活力的经济发展，提供更平等均衡的公共服务，形成更健康安全的生态环境，提高可持续发展能力。

第一节 坚持生产空间集约高效，构建高精尖经济结构

第41条 压缩生产空间规模

大力疏解不符合城市战略定位的产业，压缩工业、仓储等用地比重，腾退低效集体产业用地，提高产业用地利用效率。到2020年城乡产业用地占城乡建设用地比重由现状27%下降到25%以内；到2035年下降到20%以内，产业用地地均产值、单位地区生产总值水耗和能耗等指标达到国际先进水平。

第42条 高水平建设三城一区，打造北京经济发展新高地

1. 以三城一区为主平台，优化科技创新布局

聚焦中关村科学城，突破怀柔科学城，搞活未来科学城，加强原始创新和重大技术创新，发挥对全球新技术、新经济、新业态的引领作用；以创新型产业集群和"中国制造2025"创新引领示范区为平台，促进科技创新成果转化。建立健全科技创新成果转化引导和激励机制，辐射带动京津冀产业梯度转移和转型升级。

中关村科学城：通过集聚全球高端创新要素，提升基础研究和战略前沿高技术研发能力，形成一批具有全球影响力的原创成果、国际标准、技术创新中心和创新型领军企业集群，建设原始创新策源地、自主创新主阵地。

怀柔科学城：围绕北京怀柔综合性国家科学中心、以中国科学院大学等为依托的高端人才培养中心、科技成果转化应用中心三大功能板块，集中建设一批国家重大科技基础设施，打造一批先进交叉研发平台，凝聚世界一流领军人才和高水平研发团队，做出世界一流创新成果，引领新兴产业发展，提升我国在基础前沿领域的源头创新能力和科技综合竞争力，建成与国家战略需要相匹配的世界级原始创新承载区。

未来科学城：着重集聚一批高水平企业研发中心，集成中央企业在京科技资源，重点建设能源、材料等领域重大共性技术研发创新平台，打造大型企业技术创新集聚区，建成全球领先的技术创新高地、协同创新先行区、创新创业示范城。

创新型产业集群和"中国制造2025"创新引领示范区：围绕技术创新，以大工程大项目为牵引，实现三大科学城科技创新成果产业化，建设具有全球影响力的创新型产业集群，重点发展节能环保、集成电路、新能源等高精尖产业，着力打造以亦庄、顺义为重点的首都创新驱动发展前沿阵地。

2. 发挥中关村国家自主创新示范区主要载体作用

强化中关村战略性新兴产业策源地地位，提升制度创新和科技创新引领功能，建设国家科技金融创新中心。加强一区十六园统筹协同，促进各分园高端化、特色化、差异化发展。延伸创新链、产业链和园区链，引领构建京津冀协同创新共同体。支持科技创新成果向全国转移和辐射，推广形成可复制可借鉴的创新发展模式和政策体系。围绕"一带一路"建设实施科技创新行动，加快国际高端创新资源汇聚流动，使其成为全球创新网络的重要枢纽。

3. 形成央地协同、校企结合、军民融合、全球合作的科技创新发展格局

优化中央科技资源在京布局，形成北京市与中央在京科教单位高效合作、协同创新的良好格局。鼓励高等学校、科研院所和企业共建基础研究团队，开展产学研合作。建设具有国际影响力的现代新型智库体系。建立军民融合创新体系。面向全球引进世界级顶尖人才和团队在京发展，鼓励国内企业布局建立国际化创新网络，使北京成为全球科技创新引领者和创新网络重要节点。

4.优化创新环境，服务科技人才

充分发挥中关村国家自主创新示范区改革试验田的作用，形成充满活力的科技管理和运行机制，加强三城一区科技要素流动和紧密对接。完善配套政策，为科技人才工作、生活和科技活动提供优质服务。构建完备的创新生态系统，打造一批有多元文化、创新事业、宜居生活、服务保障的特色区域，为国际国内人才创新创业搭建良好的承载平台。在望京地区、中关村大街、未来科学城和首钢地区等区域打造若干国际人才社区。

第43条　突出高端引领，优化提升现代服务业

聚焦价值链高端环节，促进金融、科技、文化创意、信息、商务服务等现代服务业创新发展和高端发展，优化提升流通服务业，培育发展新兴业态。培育壮大与首都战略定位相匹配的总部经济，支持引导在京创新型总部企业发展。

1.北京商务中心区、金融街、中关村西区和东区、奥林匹克中心区等发展较为成熟的功能区，优化发展环境，提升服务质量，提高国际竞争力。

北京商务中心区：是国际金融功能和现代服务业集聚地，首都现代化和国际化大都市风貌的集中展现区域。应构建产业协同发展体系，加强信息化基础设施建设，提供国际水准的公共服务。

金融街：集中了国家金融政策、货币政策的管理部门和监管机构，集聚了大量金融机构总部，是国家金融管理中心。应促进金融街发展与历史文化名城保护、城市功能提升的有机结合，完善商务、生活、文化等配套服务设施，增强区域高端金融要素资源承载力。加强对金融街周边疏解腾退空间资源的有效配置，进一步优化聚集金融功能。

中关村西区和东区：中关村西区是科技金融、智能硬件、知识产权服务业等高精尖产业重要集聚区，应建设成为科技金融机构集聚中心，形成科技金融创新体系；中关村东区应统筹利用中国科学院空间和创新资源，建成高端创新要素集聚区和知识创新引领区。

奥林匹克中心区：是集体育、文化、会议会展、旅游、科技、商务于一体的现代体育文化中心区。应突出国际交往、体育休闲、文化交流等功能，提高国家会议中心服务接待能力，提升中国（北京）国际服务贸易交易会等品牌活动的影响力，促进多元业态融合发展。

2.北京城市副中心运河商务区和文化旅游区、新首钢高端产业综合服务区、丽泽金融商务区、南苑—大红门地区等有发展潜力的功能区，应着眼于未来发展，预留空间资源，为现代服务业发展提供新的承载空间。

北京城市副中心运河商务区和文化旅游区：运河商务区是承载中心城区商务功能疏解的重要载体，建成以金融创新、互联网产业、高端服务为重点的综合功能片区，集中承载服务京津冀协同发展的金融功能；文化旅游区以北京环球主题公园及度假区为主，重点发展文化创意、旅游服务、会展等产业。

新首钢高端产业综合服务区：是传统工业绿色转型升级示范区、京西高端产业创新高地、后工业文化体育创意基地。加强工业遗存保护利用，重点建设首钢老工业区北区，打造国家体育产业示范区，推动首钢北京园区与曹妃甸园区联动发展。

丽泽金融商务区：是新兴金融产业集聚区、首都金融改革试验区。重点发展互联网金融、数字金融、金融信息、金融中介、金融文化等新兴业态，主动承接金融街、北京商务中心区配套辐射。完善区域配套，加强智慧型精细化管理。

南苑—大红门地区：是带动南部地区发展的增长极。利用南苑机场搬迁以及南苑地区升级改造、大红门地区功能疏解，带动周边地区城市化建设和环境提升，建设成为融行政办公、科技文化、商务金融等功能于一体的多元化城市综合区。

3.推动建设北京首都国际机场临空经济区和北京新机场临空经济区，合理确定建设规模，建成具有国际一流基础设施和公共服务，资金、人才、技术、信息等高端要素集聚，现代产业体系成熟，人与自然环境和谐的国家级临空经济示范引领区。

北京首都国际机场临空经济区：完善北京首都国际机场功能，建设世界级航空枢纽，促进区域功能融合创新、港区一体发展。充分发挥天竺综合保税区政策优势，形成以航空服务、通用航空为基础，以国际会展、跨境电商、文化贸易、产业金融等高端服务业为支撑的产业集群。

北京新机场临空经济区：有序发展科技研发、跨境电子商务、金融服务等高端服务业，打造以航空物流、科技创新、服务保障三大功能为主的国际化、高端化、服务化临空经济区。

第44条 腾笼换鸟，推动传统产业转型升级

1.疏解退出一般性产业，压缩产业功能区建设规模

全市严禁发展一般性制造业的生产加工环节，坚决退出一般性制造业，就地淘汰

污染较大、耗能耗水较高的行业和生产工艺，关闭金属非金属矿山，有序退出高风险的危险化学品生产和经营企业。促进区域性物流基地、区域性专业市场等有序疏解。优化调整产业功能区规划，合理压缩规划建设规模。制定各区工业用地减量提质实施计划，压缩尚未实施的产业用地和建筑规模。

2. 高效利用存量产业用地，提升发展质量

以国有低效存量产业用地更新和集体产业用地整治改造为重点，促进产业转型升级。对集中建设区外零散分布、效益低的工业用地坚决实施减量腾退，退出后重点实施生态环境建设。集中建设区内的工业用地重点实施更新改造、转型升级，鼓励既有产业园区存量更新，利用腾退空间建设产业协同创新平台，吸引和配置高精尖产业项目。重点实施新能源智能汽车、集成电路、智能制造系统和服务、自主可控信息系统、云计算与大数据、新一代移动互联网、新一代健康诊疗与服务、通用航空与卫星应用等新产业，全力打造北京创造品牌。

3. 推进生产方式绿色化，构建绿色产业体系

坚持绿色发展、循环发展、低碳发展，全面推行源头减量、过程控制、纵向延伸、横向耦合、末端再生的绿色生产方式。推行清洁生产，发展循环经济，形成资源节约、环境友好、经济高效的产业发展模式。

4. 严把产业准入关，创新工业用地利用政策

坚守产业禁止和限制底线。适应产业转型升级需求和融合发展趋势，创新产业用地出让方式，探索持有物业型产业发展模式、缩短工业用地出让年限等灵活出让方式。建立产业用地全生命周期管理政策，完善全过程评估监督机制和退出机制。

第二节 坚持生活空间宜居适度，提高民生保障和服务水平

第45条 适度提高居住及其配套用地比重

调整优化居住用地布局，完善公共服务设施，扩大公共绿地，促进职住平衡，改善人居环境。

到2020年城乡居住用地占城乡建设用地比重由现状36%提高到37%以上，到2035年提高到39%—40%。

到 2020 年全市城乡职住用地比例由现状 1∶1.3 调整为 1∶1.5 以上，到 2035 年调整为 1∶2 以上。

第 46 条 构建覆盖城乡、优质均衡的公共服务体系

以人民群众最关心的问题为导向，坚持政府主导和发挥市场、社会作用相结合，坚持提升硬件和优化服务相结合，健全制度，完善政策，不断提高民生保障和公共服务供给水平，使人民群众获得更好的教育、更高水平的医疗卫生和养老服务、更丰富的文化体育服务、更可靠的社会保障。

1. 建成公平、优质、创新、开放的教育体系

努力办好人民满意的教育，促进教育公平，提升教育质量。增加学前教育资源，扩大普惠性幼儿园覆盖面。深入推进学区制改革和九年一贯制办学，促进教育资源优质均衡配置。完善义务教育和高中阶段教育体系，全面实施素质教育。健全来京务工人员随迁子女接受义务教育保障机制。保障特殊人群受教育权利。推进具有首都特色的现代职业教育发展。强化高等教育内涵发展，在人才培养、科学研究、社会服务、文化传承与创新、国际交流与合作方面发挥更大作用。构建灵活开放的终身教育体系，建设学习型城市。

2. 构建覆盖城乡、服务均等的健康服务体系

健全以区域医疗中心和基层医疗卫生机构为重点，以专科、康复、护理等机构为补充的完整有序、公平可及的诊疗体系。建立由疾病防控、监督执法、妇幼保健和计生服务、急救和血液供应体系组成的公共卫生服务体系。加强优质医疗卫生资源在薄弱地区和重点领域的配置，做到各区都有三级甲等医院。全面深化公立医院改革，建立分级诊疗制度，推进现代医院管理制度建设，建立覆盖城乡的基本医疗卫生制度。把以治病为中心转变为以人民健康为中心，健全全民医保体系，实现全人群、全方位、全生命周期的健康管理。到 2020 年千人医疗卫生机构床位数由现状 5.14 张提高到 6.1 张，到 2035 年提高到 7 张左右。

3. 建成医养结合、服务均等的养老服务体系

立足"9064"养老服务发展目标（90% 居家养老、6% 社区养老、4% 机构养老），全面建成以居家为基础、社区为依托、机构为补充、医养相结合的养老服务体系。多方式扩大养老服务设施总量供给，将养老资源向居家、社区、农村倾斜，向经济困

难、失能、失智、失独、高龄老年人倾斜。实现医养融合发展，扩大照护型服务资源。到 2020 年千人养老机构床位数由现状 5.7 张提高到 7 张，到 2035 年提高到 9.5 张。社区养老服务设施按照指标要求配置到位。

4. 构建现代公共文化服务体系

建成均衡发展、供给丰富、服务高效、保障有力的现代公共文化服务体系。提高基本公共文化服务标准化、均等化、社会化和数字化水平。鼓励学校、企事业单位文化设施向社会开放，扩大公共文化服务有效供给，实现农村、城市社区文化服务互联互通。创新服务方式，提供内容丰富、形式多样的公共文化产品和服务。到 2020 年人均公共文化服务设施建筑面积由现状 0.14 平方米提高到 0.36 平方米，到 2035 年提高到 0.45 平方米。

5. 构建完善的全民健身公共服务体系

全面推进全民健身条例实施，建设全民健身设施网络，提升配套水平，为市民提供更便捷、更多元、更综合的体育健身场所。推动学校、企事业单位体育设施向社会开放，鼓励体育设施与其他公共服务设施共建共享，鼓励公园绿地及开敞空间提供体育健身服务功能。到 2020 年人均公共体育用地面积由现状 0.63 平方米提高到 0.65 平方米，到 2035 年提高到 0.7 平方米。

6. 完善社会救助、助残和服务体系

健全困难群众救助体系，完善基本生活救助、临时救助和专项救助制度体系，健全救助标准动态调整机制，创新社会救助模式。关爱有特殊需要的社会成员，加强残疾人收入保障和服务体系建设，完善残疾人就业创业扶持政策，加强无障碍设施及环境建设维护。鼓励引导社会力量积极参与公益慈善事业，健全志愿服务工作制度，倡导市民积极参与志愿服务。

第 47 条　提高生活性服务业品质

满足人民群众对生活性服务业的普遍需求，着力解决供给、需求、质量方面存在的突出矛盾和问题，推动生活性服务业便利化、精细化、品质化发展，优化消费供给结构，提高消费供给水平，推动形成商品消费和服务消费双轮驱动的消费体系。

1. 建设均衡完善的便民服务网络

形成居民和家庭服务、健康服务、养老服务、旅游服务、体育服务、文化服务、法律服务、批发零售服务、住宿餐饮服务和教育培训服务十大便民服务网络。增加基本便民商业设施，建立差异化商业服务体系。培育多种服务集成模式，发展一站式便民服务综合体，引导零售、餐饮等生活性服务业组合发展。一刻钟社区服务圈现状覆盖约80%城市社区，到2020年基本实现城市社区全覆盖，到2035年基本实现城乡社区全覆盖。

2. 提供全面优质绿色的便民服务

全面落实居住公共服务设施配置指标，引导疏解腾退空间优先用于补齐城市公共服务设施短板，做好国有企业原有商业网点等资源及闲置空间的再利用。

注重城市综合治理，提高街区环境品质。优化便民服务设施布局，规范提升百姓周边的菜场、商铺、社区服务设施服务品质。按照不同功能区块，培育构建完整的街区生态系统。

推动移动互联网、云计算、物联网等新技术与生活性服务业融合发展。构建便捷、智能、高效的物流配送体系。推动快递网点、便民服务点、自助寄递柜、网购服务站等物流服务终端设施建设，完善邮政普遍服务体系。

推进批发零售、物流、住宿餐饮、旅游等行业服务设施生态化、服务过程清洁化、消费模式绿色化，确保人民群众安全放心消费。

3. 提供优质旅游服务

以服务国内外来京旅游为重点，做强古都文化游、长城体验游、皇家宫苑游、卢沟桥—宛平城抗战文化游以及现代文化游等特色旅游板块。以服务北京市民京郊休闲度假为重点，加强休闲游憩环境建设，打造古北口—雾灵山、房山世界地质公园、京西古道、雁栖湖、通州运河等休闲旅游板块。通过资源整合与跨区联动形成大景区，大力拓展旅游消费领域，不断完善旅游基础设施和公共服务设施，建设均衡完善的旅游便民服务网络。不断提升北京旅游的独特吸引力和国际影响力，建设国际一流的旅游城市。

第三节 坚持生态空间山清水秀，大幅度提高生态规模与质量

保护和修复自然生态系统，维护生物多样性，提升生态系统服务。加强自然资源可持续管理，严守生态底线，优化生态空间格局。强化城市韧性，减缓和适应气候变

化。整合生态基础设施，保障生态安全，提高城市生态品质，让人民群众在良好的生态环境中工作生活。构建多元协同的生态环境治理模式，培育生态文化，增强全民生态文明意识，实现生活方式和消费模式绿色转型。

第48条　大幅度提高生态规模与质量

1.划定生态控制线

以生态保护红线、永久基本农田保护红线为基础，将具有重要生态价值的山地、森林、河流湖泊等现状生态用地和水源保护区、自然保护区、风景名胜区等法定保护空间划入生态控制线。到2020年全市生态控制区面积约占市域面积的73%。到2035年全市生态控制区比例提高到75%，到2050年提高到80%以上。

2.划定永久基本农田保护红线

坚决落实最严格的耕地保护制度，坚守耕地规模底线，加强耕地质量建设，强化耕地生态功能，实现耕地数量质量生态三位一体保护。2020年耕地保有量不低于166万亩。

严格划定永久基本农田，按照依托现实、空间和谐、集中连片、不跨区界的原则，进一步调整优化9个基本农田集中分布区，2020年基本农田保护面积150万亩。

3.划定并严守生态保护红线

以生态功能重要性、生态环境敏感性与脆弱性评价为基础，划定全市生态保护红线，占市域面积的25%左右。强化生态保护红线刚性约束，勘界定标，保障落地。

4.强化生态底线管理

严格管理生态控制区内建设行为，严格控制与生态保护无关的建设活动，基于现状评估分类制定差异化管控措施，保障生态空间只增不减、土地开发强度只降不升。

5.加强生态保育和生态建设

统筹山水林田湖等生态资源保护利用，严格保护生态用地，提升生态服务功能。山区开展整体生态保育和生态修复，加强森林抚育和低效林改造，提高林分质量。推进对泥石流多发区、矿山治理恢复区等重点地区的土地利用综合整治。平原地区重点提高绿地总量和质量，构建乔灌草立体配置、系统稳定、生物多样性丰富的森林生态系统，强化生态网络建设，优化生态空间格局。统筹考虑生态控制区内村庄长远发展和农民增收问题，建设美丽乡村。

6.加强浅山区生态修复和建设管控

加强沿平原地区东北部、北部及西部边缘浅山带的生态保护与生态修复，加大生态环境建设投入，鼓励废弃工矿用地生态修复、低效林改造等，提高生态环境规模和质量。加强规划建设管控，严控增量建设和开发强度，实施违建住宅、小产权房等存量建设的整治和腾退。推动浅山区特色小城镇和美丽乡村建设，将浅山区建设成为首都生态文明示范区。

第49条 健全市域绿色空间体系

构建多类型、多层次、多功能、成网络的高质量绿色空间体系。完善以绿兴业、以绿惠民政策机制，不断扩大绿色生态空间。着力建设以绿为体、林水相依的绿色景观系统，增强游憩及生态服务功能，重塑城市和自然的关系，让市民更加方便亲近自然。

1.构建"一屏、三环、五河、九楔"的市域绿色空间结构

强化西北部山区重要生态源地和生态屏障功能，以三类环型公园、九条放射状楔形绿地为主体，通过河流水系、道路廊道、城市绿道等绿廊绿带相连接，共同构建"一屏、三环、五河、九楔"网络化的市域绿色空间结构。

一屏：山区生态屏障

充分发挥山区整体生态屏障作用，加强生态保育和生态修复，提高生态资源数量和质量，严格控制浅山区开发规模和强度，充分发挥山区水源涵养、水土保持、防风固沙、生物多样性保护等重要生态服务功能。

三环：一道绿隔城市公园环、二道绿隔郊野公园环、环首都森林湿地公园环

推进第一道绿化隔离地区公园建设，力争实现全部公园化；提高第二道绿化隔离地区绿色空间比重，推进郊野公园建设，形成以郊野公园和生态农业为主的环状绿化带；合力推进环首都森林湿地公园建设。

五河：永定河、潮白河、北运河、拒马河、泃河为主构成的河湖水系

以五河为主线，形成河湖水系绿色生态走廊。逐步改善河湖水质，保障生态基流，提升河流防洪排涝能力，保护和修复水生态系统，加强滨水地区生态化治理，营造水清、岸绿、安全、宜人的滨水空间。

九楔：九条楔形绿色廊道

打通九条连接中心城区、新城及跨界城市组团的楔形生态空间，形成联系西北部山区和东南部平原地区的多条大型生态廊道。加强植树造林，提高森林覆盖率，构建生态廊道和城镇建设相互交融的空间格局。

2. 建设森林城市

到2020年全市森林覆盖率由现状41.6%提高到44%，到2035年不低于45%。其中，到2020年平原地区森林覆盖率由现状22%提高到30%，到2035年达到33%。重点实施平原地区植树造林，在生态廊道和重要生态节点集中布局，增加平原地区大型绿色斑块，让森林进入城市。调整农业产业结构，发挥最大的生态价值。

3. 构建由公园和绿道相互交织的游憩绿地体系，优化绿地布局

将风景名胜区、森林公园、湿地公园、郊野公园、地质公园、城市公园六类具有休闲游憩功能的近郊绿色空间纳入全市公园体系。新建温榆河公园等一批城市公园。加强浅山区生态环境保护，构建浅山休闲游憩带。完善市级绿道体系，形成由文化观光型绿道、带状廊道游憩型绿道和河道滨水休闲型绿道共同组成的绿道体系。现状建成市级绿道约500公里，区级绿道约210公里。到2020年建成市级绿道800公里，区级及社区绿道400公里。到2035年建成市级绿道1240公里以上，示范带动1000公里以上区级及社区绿道建设。优化城市绿地布局，结合体育、文化设施，打造绿荫文化健康网络体系。到2020年建成区人均公园绿地面积由现状16平方米提高到16.5平方米，到2035年提高到17平方米。到2020年建成区公园绿地500米服务半径覆盖率由现状67.2%提高到85%，到2035年提高到95%。

第四节 协调水与城市的关系，实现水资源可持续利用

坚持节水优先、空间均衡、系统治理、两手发力的思路，保障首都水资源高效利用，提高水安全保障能力。按照互连互通、集约紧凑、提高韧性、亲水宜居的原则，促进水与城市协调发展。

第 50 条　实行最严格的水资源管理制度

1. 严格控制用水总量

落实以水定城、以水定地、以水定人、以水定产，全市年用水总量现状约 38.2 亿立方米，到 2020 年控制在 43 亿立方米以内，到 2035 年用水总量符合国家要求。增强水资源战略储备，保障首都供水安全，用足南水北调中线，开辟东线，打通西部应急通道，加强北部水源保护，形成外调水和本地水、地表水和地下水联合调度的多水源供水格局。提高人均可供水量，到 2020 年人均水资源量（包括再生水量和南水北调等外调水量）由现状约 176 立方米提高到约 185 立方米，到 2035 年提高到约 220 立方米。远期考虑将淡化海水作为战略储备水源。

2. 加强本地水源恢复与保护

严格保护两库一渠，涵养地下水。到 2020 年密云水库蓄水量明显增加，到 2035 年力争达到历史最好水平。有序实施官厅水库、永定河流域生态修复，到 2035 年恢复官厅水库饮用水源功能。增加地表水调蓄能力，优先利用外调水，提高再生水利用比例，压采和保护本地地下水，加大地下水回灌量，逐步实现地下水采补平衡。

3. 调整用水结构

按照农业用水负增长、工业用新水零增长、生活用水控制增长、生态用水适度增长的原则，加强用水管控。

4. 全面建设节水型社会

强化农村、园林绿地、城乡结合部地区用水节水规范化、标准化、精细化管理。生态环境、市政杂用优先使用再生水、雨洪水。促进生产和生活全方位节水，到 2035 年达到国际先进水平。到 2020 年单位地区生产总值水耗在现状 16.6 立方米 / 万元的基础上下降 15%，到 2035 年下降 40% 以上。

第 51 条　保障水安全，防治水污染，保护水生态，建设海绵城市

1. 提高城市防洪防涝能力，保障供水安全

实施流域调控、分区防守、洪涝兼治、化害为利的雨洪管理对策，完善水库、河道、蓄滞洪区等工程与非工程防洪防涝减灾体系。加强水库、蓄洪涝区体系建设，强化骨干河道、重点中小河道治理，保留山区河道行洪通道。

规划保留并新增外调水通道，完善相关水源配套工程，构建四条外部水源通道、两道输水水源环线、七处战略保障水源地、多级调蓄联动共保的首都供水安全保障格局。

2. 系统推进水污染防治，实现水环境质量全面改善

强化源头控制、水陆统筹，构建全流域、全过程、全口径的水污染综合防治体系。系统整治水体污染，深入推进工业和生活污水防治，全面控制城市和农业面源污染，严格保护饮用水源。

近期以黑臭水体和劣Ⅴ类水体为整治重点，到2018年年底全面消除全市黑臭水体，到2020年基本实现城镇污水全收集、全处理，城镇污泥全部无害化处理处置，再生水资源利用量不少于12亿立方米，重要江河湖泊水功能区水质达标率由现状约57%提高到77%。到2035年全市城乡污水基本实现全处理，重要江河湖泊水功能区水质达标率达到95%以上，逐步恢复水生态系统功能。

3. 加强水系生态保护与修复，实现水城共融

加强河湖水系及周边环境综合整治，提高水系连通性，恢复河道生态功能，构建流域相济、多线连通、多层循环、生态健康的水网体系。加强河湖蓝线管理，保护自然水域、湿地、坑塘等蓝色空间。

以水源保护为中心，统筹考虑水土流失防治、面源污染控制和人居环境改善，开展小型水体近自然修复工程，系统推进生态清洁小流域建设。加强湿地生态保护、修复与建设，在重要支流入干流河口地区预留生态湿地。

逐步恢复河滨带、库滨带自然生态系统，改善河岸生态微循环，提高水体自净功能。统筹岸线景观建设，打造功能复合、开合有致的滨水空间。提高河道的亲水性，满足市民休闲、娱乐、观赏、体验等多种需求。

4. 加强雨洪管理，建设海绵城市

实施海绵城市建设分区管控策略，综合采取渗、滞、蓄、净、用、排等措施，加大降雨就地消纳和利用比重，降低城市内涝风险，改善城市综合生态环境。到2020年20%以上的城市建成区实现降雨70%就地消纳和利用，到2035年扩大到80%以上的城市建成区。

第五节　协调就业和居住的关系，推进职住平衡发展

第 52 条　优化就业岗位分布，缩短通勤时间，创新职住对接机制

1. 提升劳动者就业创业能力，实现比较充分和更高质量的就业

实施积极的就业政策，合理拓展和布局就业新空间，为高等学校毕业生在京创业就业提供更好机会。不断优化就业人口结构，拓展就业领域，做好劳动就业服务管理，强化城市发展多层次人力资源支撑。营造服务便捷、流动有序、职住平衡的优良就业环境，提高城市发展活力。城镇登记失业率稳定控制在 4% 以下。

2. 合理调控中心城区就业岗位规模，提高北京城市副中心和新城吸引力

优化中心城区产业结构，有效控制就业岗位规模。完善北京城市副中心、新城承接中心城区功能转移的就业政策，提高公共服务水平和综合吸引力，引导中心城区人口随功能转移，实现新城宜居宜业、职住平衡。加强联系中心城区与北京城市副中心、新城的公共交通建设，提高快捷通勤能力。

3. 加强主要功能区和大型居住组团之间交通联系

大幅提升通勤主导方向上的轨道交通和大容量公交供给，完善城市主要功能区、大型居住组团之间公共交通网络，提高服务水平，缩短通勤时间。推进公共交通导向的城市发展（TOD）模式，围绕交通廊道和大容量公交换乘节点，强化居住用地投放与就业岗位集中，建设能够就近工作、居住、生活的城市组团。

4. 创新职住对接机制，提高就业人员就近居住配置率

探索通过多种方式提供面向本地就业人口的租赁住房，引导就业人口就近居住和生活。

第六节　协调地上地下空间的关系，促进地下空间资源综合开发利用

第 53 条　统筹地上地下空间布局、功能、防灾和管理体系

坚持先地下后地上、地上地下相协调、平战结合与平灾结合并重的原则，统筹以

地铁为代表的地下交通基础设施，统筹以综合管廊为代表的各类地下市政设施，统筹以人防工程为代表的各类地下安全设施，统筹以地下综合体为代表的各类地下公共服务设施，构建多维、安全、高效、便捷、可持续发展的立体式宜居城市。

1.坚持立体分层开发，统筹地上地下空间布局

以中心城区和北京城市副中心为重点，以轨道交通线网为骨架，统筹浅层、次浅层、次深层、深层4个深度，加强以城市重点功能区为节点的地下空间开发利用。到2020年人均地下空间建筑面积由现状4平方米提高到6平方米左右，到2035年达到8平方米。

浅层地下空间（地下0—10米）：以地下公共活动、地下公共服务、地下停车、地下市政管线、综合管廊、地下轨道交通、地下道路、人防工程等功能为主。

次浅层及次深层地下空间（地下10—30—50米）：以地下停车、人防工程、地下市政管线及设施、地下仓储物流、地下轨道交通等功能为主。

深层地下空间（地下50米以下）：以深层地下铁路、地下雨洪调蓄廊道等功能为主。

2.坚持地下综合开发，统筹地上地下空间功能

建设舒适便捷的地下公共活动空间，促进地面设施地下化，补充完善公共服务设施缺口，提升地下空间与周边地块连通性，改善地面环境。

鼓励变电站、换热站、污水处理厂、再生水厂、垃圾处理等市政设施合理利用地下空间，消除邻避效应，增加绿化空间，提升环境品质。依托地下空间设置大型储水设施，统筹解决城市排水和蓄水问题。

建立以轨道交通线网为骨架，包括地下停车、地下步行和地下道路的城市地下交通系统。

3.坚持可持续发展，统筹地上地下空间防灾

科学评估地下空间资源，确定地下空间开发利用底线。综合评估地面沉降、活动断裂、岩溶塌陷、砂土液化、地下有害气体、地下采空、地下水位变化等灾害因素，消除灾害隐患，确保地上地下空间安全。

发挥地下空间抗爆、抗震、防地面火灾、防毒等防灾特性，构建地下空间主动防灾系统。地下交通干线以及其他地下工程建设应兼顾人民防空需要，对重要经济目标采取有效防护措施。

4.坚持体制机制改革，统筹地上地下管理体系

建立地下市政管线数据实时测绘机制，建立全市地下空间数据库，建立地下空间灾害事故监测预警系统，完善地下空间开发利用法规政策。

第四章 加强历史文化名城保护，强化首都风范、古都风韵、时代风貌的城市特色

北京是见证历史沧桑变迁的千年古都，也是不断展现国家发展新面貌的现代化城市，更是东西方文明相遇和交融的国际化大都市。北京历史文化遗产是中华文明源远流长的伟大见证，是北京建设世界文化名城的根基，要精心保护好这张金名片，凸显北京历史文化的整体价值。传承城市历史文脉，深入挖掘保护内涵，构建全覆盖、更完善的保护体系。依托历史文化名城保护，构建绿水青山、两轴十片多点的城市景观格局，加强对城市空间立体性、平面协调性、风貌整体性、文脉延续性等方面的规划和管控，为市民提供丰富宜人、充满活力的城市公共空间。大力推进全国文化中心建设，提升文化软实力和国际影响力。

第一节 构建全覆盖、更完善的历史文化名城保护体系

第54条 完善历史文化名城保护体系

以更开阔的视角不断挖掘历史文化内涵，扩大保护对象，构建四个层次、两大重点区域、三条文化带、九个方面的历史文化名城保护体系。做到在保护中发展，在发展中保护，让历史文化名城保护成果惠及更多民众。

1. 加强老城、中心城区、市域和京津冀四个空间层次的历史文化名城保护。

2. 加强老城和三山五园地区两大重点区域的整体保护。

3. 推进大运河文化带、长城文化带、西山永定河文化带的保护利用。

4. 加强世界遗产和文物、历史建筑和工业遗产、历史文化街区和特色地区、名镇名村和传统村落、风景名胜区、历史河湖水系和水文化遗产、山水格局和城址遗存、古树名木、非物质文化遗产九个方面的文化遗产保护传承与合理利用。

第 55 条 拓展和丰富历史文化名城保护内容

1. 更加精心地保护好世界遗产

加强对长城、北京故宫、周口店北京人遗址、颐和园、天坛、明十三陵、大运河 7 处世界遗产的整体保护，严格落实世界遗产相关保护要求，依法严惩破坏遗产的行为。

积极推进中轴线、天坛遗产扩展项目（明清皇家坛庙建筑群）申遗工作，对有条件列入申遗预备名单的遗产进行遴选。

2. 加强三条文化带整体保护利用

大运河文化带：以元明清时期的京杭大运河为保护重点，以元代白浮泉引水沿线、通惠河、坝河和白河（今北运河）为保护主线，以北京城市副中心建设为契机，推动大运河遗产保护与利用，加强路县故城遗址保护，全面展示大运河文化魅力。

长城文化带：有计划推进重点长城段落维护修缮，加强未开放长城的管理。对长城保护范围及建设控制地带内的城乡建设实施严格监管。以优化生态环境、展示长城文化为重点发展相关文化产业，展现长城作为拱卫都城重要军事防御系统的历史文化及景观价值。

西山永定河文化带：依托三山五园地区、八大处地区、永定河沿岸、大房山地区等历史文化资源密集地区，加强琉璃河等大遗址保护，修复永定河生态功能，恢复重要文化景观，整理商道、香道、铁路等历史古道，形成文化线路。

3. 加强历史建筑及工业遗产保护

挖掘近现代北京城市发展脉络，最大限度保留各时期具有代表性的发展印记。建立评定优秀近现代建筑、历史建筑和工业遗产的长效机制，定期公布名录，划定和标识保护范围，制定相关管理办法。在保护的基础上，创新利用方法与手段。

4. 加强名镇名村、传统村落保护与发展

挖掘名镇名村、传统村落历史文化价值，保护传统文化遗产，改善人居环境。因地制宜探索名镇名村、传统村落保护利用新途径、新机制、新模式。调动市民参与保护的积极性，科学引导社会力量参与名镇名村保护利用，在保护中实现村镇特色发展。

第 56 条　保护和恢复老字号等文化资源

积极发掘、整理、恢复和保护各类非物质文化遗产，保护和传承传统地名、戏曲、音乐、书画、服饰、技艺、医药、饮食、庙会等。加强老字号原址、原貌保护。开展口述史、民俗、文化典籍的整理、出版、阐释工作。深入挖掘北京历史文化名城的文化内涵和精神价值，讲好文化遗产背后的故事，活化文化遗产。

第二节　加强老城整体保护

第 57 条　坚持整体保护十重点

1. 保护传统中轴线

结合申遗工作，加强钟鼓楼、玉河、景山、天桥等重点地区综合整治，保护中轴线传统风貌特色。

2. 保护明清北京城"凸"字形城廓

优化完善城墙旧址沿线绿地系统，凸显由宫城、皇城、内城、外城四重城廓构成的独特城市格局。采取遗址保护、标识或意象性展示等多种方式，保护和展现重要历史文化节点。

3. 整体保护明清皇城

严格执行《北京皇城保护规划》，加大保护和整治力度，完整真实保持以故宫为核心，以皇家宫殿、衙署、坛庙建筑群、皇家园林为主体，以四合院为衬托的历史风貌、规划布局和建筑风格。

4. 恢复历史河湖水系

保护和恢复重要历史水系，形成六海映日月、八水绕京华的宜人景观，为市民提供有历史感和文化魅力的滨水开敞空间。

六海包括北海、中海、南海、西海、后海、什刹海。八水包括通惠河（含玉河）、北护城河、南护城河、筒子河、金水河、前三门护城河、长河、莲花河。

5. 保护老城原有棋盘式道路网骨架和街巷胡同格局，保护传统地名

保护 1000 余条现存胡同及胡同名称。实施胡同微空间改善计划，提供更多可

休憩、可交往、有文化内涵的公共空间，恢复具有老北京味的街巷胡同，发展街巷文化。

老城原则上不再拓宽道路。建设以三横四纵为代表的文化景观街道。强化整体空间联系，提升街道绿化，扩大步行空间，培育街道客厅，展现各类文物古迹、近现代史迹、多元文化、自然生态环境交织的美丽景观。

6. 保护北京特有的胡同—四合院传统建筑形态，老城内不再拆除胡同四合院

将核心区内具有历史价值的地区规划纳入历史文化街区保护名单，通过腾退、恢复性修建，做到应保尽保，最大限度留存有价值的历史信息。扩大历史文化街区保护范围，历史文化街区占核心区总面积的比重由现状22%提高到26%左右。将13片具有突出历史和文化价值的重点地段作为文化精华区，强化文化展示与传承。进一步挖掘有文化底蕴、有活力的历史场所，重新唤起对老北京的文化记忆，保持历史文化街区的生活延续性。

13片文化精华区：什刹海—南锣鼓巷文化精华区、雍和宫—国子监文化精华区、张自忠路北—新太仓文化精华区、张自忠路南—东四三至八条文化精华区、东四南文化精华区、白塔寺—西四文化精华区、皇城文化精华区、天安门广场文化精华区、东交民巷文化精华区、南闹市口文化精华区、琉璃厂—大栅栏—前门东文化精华区、宣西—法源寺文化精华区、天坛—先农坛文化精华区。

7. 分区域严格控制建筑高度，保持老城平缓开阔的空间形态

以故宫、皇城、六海为中心，按原貌保护区及低层、多层、中高层三个限制建设分区，严格控制新建建筑高度。历史文化街区和文物按原貌保护区严格控制，风貌协调区和其他成片传统平房区参照原貌保护区要求进行控制，其余区域以多层限制建设区控制为主，东西二环路沿线部分区域按中高层限制建设区控制。

8. 保护重要景观视廊和街道对景

恢复银锭观山景观视廊，保护景山万春亭、北海白塔、正阳门城楼和箭楼、妙应寺白塔、钟鼓楼、德胜门箭楼、天坛祈年殿、永定门等地标建筑之间的景观视廊。保护朝阜路北海大桥东望故宫西北角楼、陟山门街东望景山万春亭等街道对景。严禁在景观视廊和街道对景保护范围内，插建对景观保护有影响的建筑。

9. 保护老城传统建筑色彩和形态特征

保持老城传统色调，以大片青灰色房屋和浓荫绿树为基调，烘托金黄琉璃瓦的皇宫及绿、蓝琉璃瓦的王府、坛庙。新建建筑的形态与色彩应与老城整体风貌相协调。加强老城第五立面管控，以传统坡屋顶形式为主，平屋顶形式的现代建筑应进行平改坡或开展屋顶绿化。

10. 保护古树名木及大树

保持和延续老城传统特有的街道胡同绿化和院落绿化，保护古树名木及大树，因地制宜增加绿化空间，突出绿树掩映的传统城市特色。

第58条 加强文物保护与腾退

完善文物保护与周边环境管控的法规和机制，建立文物保护责任终身追究制度。严格执行保护要求，严禁拆除各级各类不可移动文物。将老城历史文化街区、风貌协调区及其他成片传统平房区整体划定为地下文物埋藏区。结合功能疏解，开展重点文物的腾退，实施九坛八庙皇家坛庙建筑群、王府建筑群等主题性文物保护修缮整治。科学复建部分反映历史格局的重要标志。在科学保护的基础上加强文物合理利用，扩大开放，引导社会资本投入，实现文化遗产保护与传承。

九坛包括天坛（内含祈谷坛）、地坛、日坛（又称朝日坛）、月坛（又称夕月坛）、先农坛（内含太岁坛）、社稷坛、先蚕坛（位于北海内）。八庙包括太庙、奉先殿（位于故宫内）、传心殿（位于故宫内）、寿皇殿、雍和宫、堂子（已无存，现址为贵宾楼）、历代帝王庙、孔庙（又称文庙）。

第59条 完善保护实施机制

健全北京历史文化名城保护相关配套法规政策。进一步明确各级政府、相关行政主管部门和各类主体责任和义务，严格依法进行保护、利用和管理。全面建立老城历史建筑保护修缮长效机制，以原工艺高标准修缮四合院，使老城成为传统营造工艺的传承基地。严格管控老城内地下空间开发利用。推动完善房屋产权制度，鼓励居民按保护规划实施自我改造更新。完善鼓励居民外迁、房屋交易等相关政策。加强公众参与制度化建设，实现共治共享，营造"我要保护"的社会氛围。

第三节　加强三山五园地区保护

三山五园是对位于北京西北郊、以清代皇家园林为代表的各历史时期文化遗产的统称。三山指香山、玉泉山、万寿山，五园指静宜园、静明园、颐和园、圆明园、畅春园。

三山五园地区是传统历史文化与新兴文化交融的复合型地区，拥有以世界遗产颐和园为代表的古典皇家园林群，集聚一流的高等学校智力资源，具有优秀历史文化资源、优质人文底蕴和优美生态环境。应建设成为国家历史文化传承的典范地区，并使其成为国际交往活动的重要载体。

第 60 条　构建历史文脉与生态环境交融的整体空间结构

1. 形成南北文化带

北部文化传承发展带串联颐和园、圆明园等重要景区及大宫门、青龙桥等城市节点，重点加强历史文化资源挖掘、修复与利用；南部生态文化游憩带连接香山、西山等城市绿色空间，重点加强生态修复和环境整治，提升绿化质量，完善生态功能。

2. 突出三个特色分区

西部生态休闲游憩区以香山公园、北京植物园、西山国家森林公园为基础，整合绿地资源，提升景观质量，完善游憩功能；中部历史文化旅游区以颐和园、圆明园为载体，以文化为主导功能，优化完善公共服务设施，成为展示和交流中国历史文化的示范区；东部教育科研文化区以北京大学、清华大学等高等学校为载体，以教育和文化为主导功能，优化完善配套设施。

3. 塑造若干关键节点

沿北部文化传承发展带重点塑造若干关键文化节点，以文化遗产保护与展示为主题。沿南部生态文化游憩带布置若干景观游憩节点，改善和提升环境品质。

第 61 条　保护与传承历史文化

1. 加大文物和遗址保护力度

加强文物保护力度，开展圆明园考古、香山昭庙和大慧寺保护修缮工作。对尚未核定为文物保护单位的不可移动文物实施保护，进一步挖掘应纳入保护对象的文化遗产，实现区域保护全覆盖。建立完善的文物数据库管理平台，从文物普查、综合评价、抢救性保护、近期展示、精细测绘、科技保护等方面开展保护管理工作。全面梳理和综合评估现存遗址情况，开展科学监测，及时预警，协调游客管理与遗址保护的关系。

2. 保护历史风貌和重要历史文化节点

深入挖掘三山五园地区文化资源，实施圆明园大宫门历史风貌保护和功德寺景观提升等工程，保护和展现御园宫门、古镇、村落、御道等重要历史节点。通过数字技术等手段虚拟重现近期难以原址恢复的重要文化遗产，丰富展现方式，增进文化体验。

3. 活化非物质文化遗产

依托圆明园升平署区域开展皇家御膳、宫廷音乐等文化传承工作，深入挖掘和保护区域内古镇文化和民俗文化等优秀历史文化资源。

第62条 恢复山水田园的自然历史风貌

1. 保护西山山脉生态环境

提升西山植被质量，以乡土树种为特色，配植西山特色灌木和彩叶树种，展现四季分明的生态山林景观。

2. 恢复大尺度绿色空间

梳理地区历史发展脉络，部分恢复水稻田园风光。逐步恢复历史水系，展现历史盛期水系格局和景观特色。增加绿地，提升绿化品质，加强生态廊道连通，整合香山公园、北京植物园、西山国家森林公园及其他城市公园。保障基础设施安全，结合南水北调调蓄池营造优美生态环境。在三山五园地区形成公园成群、绿树成荫、历史环境与绿水青山交融的景观风貌。

3. 开展综合整治和功能提升

保护三山五园地区山水格局与传统风貌，严格控制建设规模和建筑高度。做好人口和功能疏解，加大环境综合整治力度。完善地区交通体系，打通南北向交通，优化交通组织。加大旅游管理和综合执法力度，实现三山五园地区环境景观和城市功能全面提升。

第四节　加强城市设计，塑造传统文化与现代文明交相辉映的城市特色风貌

建立贯穿城市规划建设管理全过程的城市设计管理体系，更好地统筹城市建筑布局、协调城市景观风貌。通过精心规划设计和保护提升，使北京拥有富有文化魅力的历史建筑、令人赏心悦目的现代建筑、舒适整洁的街道、清新怡人的绿色开放空间和美观清澈的河流，建设令人愉悦的美丽城市。

第63条　进行特色风貌分区

1. 中心城区形成古都风貌区、风貌控制区、风貌引导区三类风貌区

古都风貌区：二环路以内，实行最为严格的建筑风貌管控，严格控制区域内建筑高度、体量、色彩与第五立面等各项要素，逐步拆除或改造与古都风貌不协调的建筑，实现对老城风貌格局的整体保护。

风貌控制区：二环路与三环路之间，按照与古都风貌协调呼应的要求，细化区域内对建筑高度、体量、立面的管控要求，加强对传统建筑文化内涵的现代表达。

风貌引导区：三环路以外，处理好继承和发展的关系，充分吸收传统建筑元素，鼓励采用现代建筑设计手法与材料，展现具有创新精神的时代特征和首都特色。

2. 中心城区以外地区分别建设具有平原特色、山前特色与山区特色的三类风貌区

平原风貌区：包括北京城市副中心、顺义、亦庄、大兴。突出现代城市风貌特征，加强城区内部与外围郊野绿色开敞空间的渗透融合，形成城野交融、活力城区的特色风貌。

山前风貌区：包括房山、昌平、海淀山后、丰台河西地区。强调城市建筑风貌与自然环境的协调与呼应，按照保护山峦背景的要求控制建筑高度，保护重要观山视廊与亲水通道，形成显山露水、田园城区的特色风貌。

山区风貌区：包括门头沟、平谷、怀柔、密云、延庆。强调城市建设对自然环境的尊重，顺应山形水势，强化建筑体量控制，严控浅山区建设行为，形成城景合一、山水互动的特色风貌。

第 64 条　构建绿水青山、两轴十片多点的城市整体景观格局

尊重和保护山水格局，加强城市建设与自然景观有机融合，突出山水城市景观特征，让居民望得见山、看得见水、记得住乡愁。强化两轴空间秩序，突出两轴统领城市空间格局、串联重点景观区域与景观节点的骨架作用。深入挖掘中华文化精髓，打造十片传承历史文脉、体现时代特征的重点景观区域，集中展示国家形象、民族气魄及地域文化多样性。依托文物保护单位及城市交通门户空间，建设若干主题突出的重要景观节点，增强城市可识别性。

十片重点景观区域：老城文化景观区域（老城）、三山五园文化景观区域（三山五园地区）、长城文化景观区域（长城北京段）、大运河文化景观区域（中国大运河北京段）、京西文化景观区域（京西古道）、燕山文化景观区域（明十三陵、银山塔林、汤泉行宫等）、房山文化景观区域（房山文化线路）、南苑文化景观区域（南苑及南中轴森林公园地区）、国际文化景观区域（北京商务中心区及三里屯地区）、创意文化景观区域（望京、酒仙桥及定福庄地区）。

第 65 条　加强建筑高度、城市天际线、城市第五立面与城市色彩管控

1. 建立以中心城区为重点，覆盖市域的建筑高度管控体系

重点针对中心城区划定历史文化控制区、城市景观控制区、城市安全控制区、绿色生态控制区四类特殊控制引导区，明确高度控制要求，制定相应管理办法。

2. 加强城市天际线塑造

保护老城平缓有序的城市天际线，严格控制老城建筑高度与体量，维护故宫、钟鼓楼、永定门城楼等重要建筑（群）周边传统空间轮廓的完整。保护城市北部及西部壮丽、连绵的山峦背景，严格控制浅山及山前地区建筑高度与体量。整体保护和塑造长安街、通惠河等重要街道、河道沿线城市天际线，加强北京商务中心区、北京城市副中心、颐和园、雁栖湖等城市重要功能区、城市节点、风景区周边城市天际线管控，塑造特色鲜明、错落有致、富有韵律的城市天际线。

3. 构建看城市、看山水、看历史、看风景的城市景观眺望系统

加强城市整体空间形态控制，构建展示城市特色风貌的景观眺望系统，统筹城市第五立面与城市色彩塑造，让人们更好地看城市、看山水、看历史、看风景。

看城市视廊：以位于奥林匹克中心区的北京奥林匹克塔、位于玉渊潭西侧的中央电视塔和香山香炉峰等为眺望点，分别通过不同方向俯瞰城市，感知格局明晰的整体城市意象。

看山水视廊：形成银锭观山、钟鼓楼北望、太和殿经玉渊潭西望、景山万春亭西望四条由核心区向外眺望自然山体的景观视廊，强化山水城市意象。

看历史视廊：以老城内传统地标建筑为眺望点，形成多条集中展示历史景观的视廊，强化对传统景观意象的保护。

看风景视廊：利用铁路、高速公路、航线等重要交通廊道形成若干条眺望视廊，加强城市门户节点的景观塑造。

4. 加强城市第五立面管控

塑造肌理清晰、整洁有序的第五立面空间秩序，营造与自然山水和谐相融、与历史文化交相辉映、具有高度可识别性的城市第五立面。重点管控好老城、重点视廊区域及机场起降区域的城市第五立面，将城市第五立面整治与城市修补、生态修复相结合，通过建筑屋顶绿化美化与有序整理、城市绿化补充与修饰等手段，全面提升第五立面整体品质。

5. 加强城市色彩管控

充分汲取古都五色系统精髓，规范城市色彩使用，形成典雅庄重协调的北京城市色彩形象。建立城市色彩引导管理体系，重点管控老城、三山五园地区、北京城市副中心及其他重点地区城市色彩。对建筑、设施、植被、路面等提出色彩使用指导意见，发挥城市色彩对塑造城市风貌的重要作用。

第 66 条　贯彻适用、经济、绿色、美观的建筑方针，打造首都建设的精品力作

1. 大力发展绿色建筑

鼓励建筑节能、节水、节地、节材和环保，提倡呼吸建筑、城市森林花园建筑。新建建筑100%落实强制性节能标准，推动超低能耗建筑建设，2020年全面完成城镇及农村既有非节能居住建筑节能改造。鼓励既有建筑生态化改造，实现建筑循环使用。

2. 全面提升建筑设计水平

重视建筑的文化内涵，加强单体建筑与周围环境的融合，努力把传承、借鉴与创

新有机结合起来，打造能够体现北京历史文脉、承载民族精神、符合首都风情、无愧于时代和人民的精品建筑。加强公共空间人性化设计，建筑设计要把控基调，体现多样性，重要公共建筑设计方案须经过国际招标比选，避免贪大、媚洋、求怪。

3.完善建筑设计管理机制

建立责任规划师和责任建筑师制度，完善建筑设计评估决策机制，提高规划及建筑设计水平。建立指导规范建筑设计的有效机制，健全单体建筑设计审查机制，鼓励建设用地带设计方案出让。对重要节点、重要街道、重点地区的建筑方案形体与立面实施严格审查，开展直接有效的公众参与。

第 67 条　优化城市公共空间，提升城市魅力与活力

1.塑造高品质、人性化的公共空间

通过衔接大型公共服务设施、建设城市绿道、优化滨水空间、打开封闭街区、打通步行道、拆墙见绿、促进公园绿地开放共享等多种手段，增强公共空间有效连通，提高可达性，建设更加完善的公共空间体系，营造生活方便、环境宜人、景观优美、具有丰富文化体验的公共空间。

2.重塑街道空间环境

对交通性街道、生活性街道、历史街区街道、综合性街道分类进行精细化管控与引导，打造特色街道示范区。通过道路断面优化、沿线建筑控制、街道设施人性化改造、完善过街和无障碍设施、街道景观设计、规范停车行为等措施，修补街道肌理，提升街道环境品质，让街道拥有舒适安全的环境、赏心悦目的景观和生动美好的生活氛围。

3.强化公共空间从规划设计、审批施工到管理维护的全过程管控

创新城市开发建设模式，建立健全公共空间规划设计、建设和管理维护的长效机制。加强各级政府及部门的统筹协调，促进公共空间与功能、景观的整合。

第五节　加强文化建设，提升文化软实力

以培育和弘扬社会主义核心价值观为统领，以历史文化名城保护为根基，建设国际一流的高品质文化设施，构建现代公共文化服务体系，推进首都文明建设，发展文化创意产业，深化文化体制机制改革，形成涵盖各区、辐射京津冀、服务全国、面向世界的文化中心发展格局。不断提升文化软实力和国际影响力，推动北京向世界文化名城、世界文脉标志的目标迈进。

第68条　高水平建设重大功能性文化设施

以两轴为统领，完善重大功能性文化设施布局。深入挖掘核心区文化内涵，扩大金名片影响力。北部继续完善以奥林匹克中心区为重点的国家体育、文化功能。东部以北京城市副中心为载体传承大运河文化，建设服务全市人民的文化设施集群。西部重点建设首钢近现代工业遗产文化区。南部通过南苑地区改造预留发展用地，未来塑造首都文化新地标。

发挥中关村国家级文化和科技融合示范基地、国家文化产业创新实验区、国家对外文化贸易基地（北京）、中国（怀柔）影视产业示范区、2019中国北京世界园艺博览会、北京环球主题公园及度假区等文化功能区的示范引领作用，形成分工合理、各具特色的文化功能区空间发展布局。

支持北京大学、清华大学等若干高等学校建成世界一流大学，形成一批世界一流学科。统筹空间布局，做到在各区都有高等学校。优化海淀区高等学校集聚区、良乡高教园区、沙河高教园区发展环境，打造世界一流的高教园区，提升高等教育综合实力和国际竞争力。培养世界一流人才，形成学术大师、文化名家和领军人才荟萃的生动局面，强化人才培养与首都发展互促互进。加强国家级标志性文化设施和院团建设，培育世界一流文艺院团，形成具有国际影响力的文化品牌。

第69条　推进首都文明建设

坚持以首善标准培育和践行社会主义核心价值观，大力弘扬以爱国主义为核心的民族精神和以改革创新为核心的时代精神，打造传承中华优秀传统文化、体现区域文化特色、符合时代要求的城市精神。利用重大活动、重要节庆日，组织有教育意义和

有庄严感的典礼仪式，举办重大主题教育和重要主题展览，激发爱国热情，凝聚全市人民精神力量。

加强社会主义精神文明建设，深化文明城区等五大创建活动，强化公共文明引导，着力提升市民文明素质，完善公共文明行为规范体系，加强公共文明法治建设。推动诚信建设制度化，完善信用体系。壮大志愿服务队伍，到2020年实名注册志愿者与常住人口比值由现状0.152提高到约0.183，到2035年提高到约0.21。

第70条 激发文化创意产业创新创造活力

聚焦文化生产前端，鼓励创意、创作与创造，建设创意北京，使北京成为传统文化元素和现代时尚符号汇聚融合的时尚创意之都。优化提升文化艺术、新闻出版、广播影视等传统优势行业，发展壮大设计服务、广告会展、艺术品交易等创意交易行业，积极培育文化科技融合产业。健全文化市场体系，加大知识产权保护力度。推进文化创意和设计服务与高端制造业、商务服务业、信息业、旅游业、农业、体育、金融、教育服务产业等领域融合发展，打造北京设计、北京创造品牌。

第71条 提升文化国际影响力

以各类文化资源为载体，搭建多种类型、不同层级的文化展示平台。充分运用数字传媒、移动互联等科技手段，构建立体、高效、覆盖面广、功能强大的国际传播网络。组织开展重大文化活动，打造一批展现中国文化自信和首都文化魅力的文化品牌。深入开展国际文化交流合作，发挥首都示范带头作用，讲好中国故事，传播好中华文化，不断扩大文化竞争力、传播力和影响力。

第五章 提高城市治理水平，让城市更宜居

建设和管理好首都，是国家治理体系和治理能力现代化的重要内容。本次城市总体规划，以制约首都可持续发展的重大问题和群众关心的热点难点问题为导向，以解决人口过多、交通拥堵、房价高涨、大气污染等"大城市病"为突破口，以改革发展为手段，标本兼治，综合施策，全面提高城市治理水平，构建超大城市治理体系。到2020年"大城市病"得到缓解，到2035年"大城市病"治理取得显著成效，到2050年全面形成具有首都特点、与国际一流的和谐宜居之都相适应的现代化超大城市治理体系。

第一节 划定城市开发边界，遏制城市摊大饼式发展

以资源环境承载能力为硬约束，划定城市开发边界，结合生态控制线，将16410平方公里的市域空间划分为集中建设区、限制建设区和生态控制区，实现两线三区的全域空间管制，遏制城市摊大饼式发展。

第72条 科学划定城市开发边界，实现城镇集约高效发展

1.科学划定城市开发边界

严格管控城乡建设用地规模，确定城镇建设空间刚性管控边界和约束性指标，永久性城市开发边界范围原则上不超过市域面积的20%。到2020年集中建设区（城市开发边界内）面积约占市域面积的14%。

2.严格管控城镇建设空间

城市各类建设项目原则上均应在集中建设区内进行布局和建设。按照集约高效和宜居适度的原则，完善中心城区、北京城市副中心、新城和镇分类指导的建设强度管控体系。

第 73 条　加强限制建设区改造和治理，逐步实现两线合一

1. 明确治理目标

生态控制区和集中建设区以外为限制建设区，约占市域面积的 13%。通过集体建设用地腾退减量和绿化建设，限制建设区用地逐步划入生态控制区和集中建设区，到 2050 年实现两线合一，全市生态控制区比例提高到市域面积的 80% 以上。

2. 促进减量增绿

推动集体建设用地集约集中利用，严格控制建设强度。确保腾退后集体建设用地优先还绿，并同步实施。

第二节　标本兼治，缓解城市交通拥堵

坚持以人为本、可持续发展，将综合交通承载能力作为城市发展的约束条件。坚持公共交通优先战略，着力提升城市公共交通服务水平。加强交通需求调控，优化交通出行结构，提高路网运行效率。完善城市交通路网，加强静态交通秩序管理，改善城市交通微循环系统，塑造完整街道，各种出行方式和谐有序，构建安全、便捷、高效、绿色、经济的综合交通体系。

第 74 条　促进交通与城市协调发展，提高交通支撑、保障与服务能力

1. 建立分圈层交通发展模式，打造一小时交通圈

构建分圈层交通发展模式：第一圈层（半径 25—30 公里）以地铁（含普线、快线等）和城市快速路为主导；第二圈层（半径 50—70 公里）以区域快线（含市郊铁路）和高速公路为主导；第三圈层（半径 100—300 公里）以城际铁路、铁路客运专线和高速公路构成综合运输走廊。到 2020 年轨道交通里程由现状约 631 公里提高到 1000 公里左右，到 2035 年不低于 2500 公里；到 2020 年公路网总里程力争达到 22500 公里，到 2035 年超过 23150 公里；到 2020 年铁路营业里程达到 1500 公里，到 2035 年达到 1900 公里。

2. 保障交通基础设施用地规模

适度超前、优先发展交通基础设施，提前规划控制交通战略走廊和重大交通设

施用地。到 2020 年全市交通基础设施用地（含区域交通基础设施）约 700 平方公里，到 2035 年约 850 平方公里。

3. 全力提升规划道路网密度和实施率

完善城市快速路和主干路系统，推进重点功能区和重大交通基础设施周边及轨道车站周边道路网建设，大幅提高次干路和支路规划实施率。提高建成区道路网密度，到 2020 年新建地区道路网密度达到 8 公里/平方公里，城市快速路网规划实施率达到 100%；到 2035 年集中建设区道路网密度力争达到 8 公里/平方公里，道路网规划实施率力争达到 92%。

4. 建立交通与土地利用协调发展机制

充分发挥轨道交通、交通枢纽的综合效益。加强轨道交通站点与周边用地一体化规划及场站用地综合利用，提高客运枢纽综合开发利用水平，引导交通设施与各项城市功能有机融合。

第 75 条　坚持公共交通优先与需求管理并重，提高交通运行效率和服务水平

1. 提供便捷可靠的公共交通

加强轨道交通建设。按照中心加密、内外联动、区域对接、枢纽优化的思路，优化调整轨道交通建设近远期规划，重点弥补线网结构瓶颈和层级短板，统筹利用铁路资源，大幅增加城际铁路和区域快线（含市郊铁路）里程，有序发展现代有轨电车。

提升公交服务水平。优化公交专用道规划建设和管理，提高公交运行速度和准点率。到 2020 年中心城区公交专用道里程由现状约 741 车道公里提高到 1000 车道公里左右，到 2035 年超过 1500 车道公里。

2. 实施差别化的交通需求管理

按照控拥有、限使用、差别化的原则，划定交通政策分区，实施更科学、更严格、更精细的交通需求管理。综合利用法律、经济、科技、行政等措施，分区制定拥车、用车管理策略，从源头调控小客车出行需求。到 2020 年小客车出行比例和车均出行强度降幅力争达到 10%—15%，到 2035 年降幅不小于 30%。

3. 构建科学合理的停车管理体系

坚持挖潜、建设、管理、执法并举，加强行业管理，建设良好停车环境。构建符合市场化规律的停车价格体系，完善市场定价、政府监管指导的价格机制。建立停车资源登记制度和信息更新机制，利用科技手段提升停车位使用效率。通过利用腾退土地和边角地、建设立体机械式停车设施等多种手段增加供给。全面整治停车环境，严格管理路内停车泊位，完善居住区停车泊位的标线施划，将单位内部停车、大院停车等纳入规范化管理。

第76条　加强客运枢纽和交通节点建设，提高换乘效率和服务水平

1. 构建功能清晰的对外客运枢纽格局

围绕2个国际航空枢纽、10个全国客运枢纽、若干个区域客运枢纽，构建"2＋10＋X"的客运枢纽格局。完善枢纽规划建设政策机制，实现对外交通与城市交通之间高效顺畅衔接。

推进北京新机场陆侧交通系统建设，提升北京首都国际机场陆侧交通通道能力。促进干线铁路、城际铁路与城市有机融合，新建铁路车站实现与城市交通顺畅衔接，逐步改善北京站、北京西站等既有车站交通转换环境。结合主要放射性交通廊道和轨道交通车站，优化公路客运枢纽布局。

2. 创新客运交通运输组织模式

实现铁路与城市轨道交通一体化运营服务，实现公路与城市道路交通一体化衔接，推进高速公路电子收费全覆盖。创新客运交通运输组织模式，提供联程运输和一体化服务。

3. 提升公共交通接驳换乘环境

提供更加人性化的公共交通接驳换乘条件。加强轨道交通车站最后一公里接驳换乘通道和设施建设，增加袖珍公交线路，倡导自行车换乘公共交通（B＋R）的绿色出行方式，规划建设一批换乘停车场（P＋R）。

第77条　提升出行品质，实现绿色出行、智慧出行、平安出行

1. 建设步行和自行车友好城市

构建连续安全的步行和自行车网络体系，保障步行和自行车路权，开展人性化、

精细化道路空间和交通设计，创造不用开车也可以便利生活的绿色交通环境。积极鼓励、引导、规范共享自行车健康有序发展，充分发挥其在市民公共交通接驳换乘及短距离出行中的作用，制定共享自行车系统技术规范和停放区设置导则，结合轨道交通车站、大型客流集散点等地区优化落实共享自行车停放区设置。到2020年城市绿色出行比例由现状70.7%提高到75%以上，到2035年不低于80%；到2020年自行车出行比例不低于10.6%，到2035年不低于12.6%。

2.建设智慧交通体系

倡导智慧出行，实现交通建设、运行、服务、管理全链条信息化和智慧化。推行"互联网＋便捷交通"，建立政府监管平台和市场服务平台，积极引导共享自行车、网约车、分时租赁等新兴交通模式健康发展，科学动态配置各种交通运输方式的运力资源。

3.建设低碳交通系统

强化交通节能减排管理，优化交通能源结构，推动新能源、清洁能源车辆在交通领域规模化应用，建设充电桩、加气站等配套设施。提升货运组织绿色化水平，推动绿色货运枢纽场站建设。

4.建设和谐平安交通

坚持城市交通社会共建、共治、共享，加强宣传、教育和培训，加强交通管理设施建设，完善交通安全设施，优化交通发展软环境。

第78条 引导支持交通物流融合发展，发挥交通运输基础和主体作用

1.优化物流基础设施布局

完善物流配送模式，提升物流配送的整体效益，构建由物流基地、专业物流园区、配送中心、末端配送点组成的城乡公共物流配送设施体系。规范城市末端配送组织，形成多功能集约化的物流配送终端网络。优化整合民航、铁路、公路物流设施布局，实现专业化运输。

2.完善多式联运设施布局

优化民航货运功能及内陆无水港节点布局，完善口岸服务功能。建立完善的多式联运枢纽场站和集疏运体系，提升货运组织水平和衔接转换效率。

第三节　完善购租并举的住房体系，实现住有所居

坚持"房子是用来住的，不是用来炒的"定位，将稳定房地产市场作为长期方针，以建立购租并举的住房体系为主要方向，以政府为主提供基本保障，以市场为主满足多层次需求，加强需求端有效管理，优化住房供应结构，大力推动住房供给侧结构性改革，建立促进房地产市场平稳健康发展的长效机制，努力实现人民群众住有所居。

第 79 条　健全和优化住房供应体系

1. 完善住房供应体系

建立包括商品住房、共有产权住房、棚改安置房、租赁住房等多种类型，一二三级市场联动的住房供应体系。扩大商品住房市场有效供应，增强政府市场调控能力。增加共有产权住房与中小套型普通商品住房供应，满足居民自住需求。加强保障性住房建设，提升基本居住需求保障水平。研究扩大租赁住房赋权，公共租赁住房向非京籍人口放开。

未来 5 年新供应住房中，产权类住房约占 70%，租赁类住房约占 30%。产权类住房中，商品住房约占 70%，保障性住房约占 30%。商品住房中，共有产权住房、中小套型普通商品住房约占 70%。共有产权住房中，70% 面向本市户籍人口，30% 面向非京籍人口。

2. 扩大居住用地与住房供应

健全政策机制，增加中心城区和新城居住用地供应。创新集体建设用地政策，探索多种建设模式。到 2035 年规划城乡居住用地约 1100 平方公里，其中城镇居住用地约 600 平方公里，位于农村集体土地上的居住用地（含宅基地）约 500 平方公里。加强土地储备工作，合理安排城镇居住用地和集体建设用地供应时序，加强住房建设计划管理。未来 5 年新供应各类住房 150 万套以上。

3. 合理布局居住用地

中心城区适度增加居住用地，增加租赁住房，调控房地产市场。

中心城区以外地区加大居住用地与住房供应力度，重点保障共有产权住房与租赁住房的用地供应。统筹考虑新型城镇化与保障性住房选址建设，培育就业功能，提高

教育、医疗服务水平，增强吸引力，为中心城区疏解人口在外围地区生活就业创造良好条件。

居住用地优先在轨道车站、大容量公共交通廊道节点周边布局。新建居住区推广街区制，建设小街区、开敞式、有活力的社区。

第 80 条　建立房地产基础性制度

1. 提高住房建设标准和质量

新建保障性住房全面采用装配式建筑，提高装配式建筑在新建商品住房中的比重，到 2020 年达到 30% 以上，到 2035 年前全面采用装配式建筑。

推进住房规划建设标准化、信息化、智能化，加强工程质量安全管理。2020 年前建立百年住宅标准并进行试点推广，到 2035 年新建住房全面实施百年住宅标准。

2. 完善住房租赁体系

培育和规范发展住房租赁市场，制定完善房屋租赁地方法规，规范主体行为，建立租期和租金相对稳定、服务规范的租赁市场，保障当事人合法权益。多渠道筹集租赁房源，鼓励租赁服务企业通过趸租等方式整合居民空置房屋和其他社会闲散住房资源，集中经营管理；鼓励开发企业将在途或待售住房转化为租赁住房，开展租赁业务；新投放居住用地配建或竞建一定比例自持租赁住房；鼓励农村集体经济组织利用集体建设用地建设租赁住房。

3. 建立房地产市场监管常态化机制

综合利用税收、金融信贷等政策措施，坚决抑制投资投机性行为，防止房地产市场大起大落。严格商品住房管控，防范泡沫和风险。综合运用政策工具，规范二手房交易市场。加强综合监管执法，严肃查处开发、建设、销售、中介等环节的违法违规行为。及时回应社会关注，主动解读政策和市场形势，合理引导社会预期。

第 81 条　推进城镇棚户区改造和老旧小区综合整治

1. 有序推进各类棚户区改造

完善棚户区改造政策，改善居民居住条件。积极推进中心城区危旧房改造、简易楼拆迁、城中村边角地等的整治改造。全面开展城乡结合部、北京城市副中心等地区的棚户区改造。

2. 推进老旧小区综合整治

统筹推进老旧小区综合整治和有机更新。开展老旧小区抗震加固、建筑节能改造、养老设施改造、无障碍设施补建、多层住宅加装电梯、增加停车位等工作，提升环境品质和公共服务能力。建立老旧小区日常管理维护长效机制，促进物业管理规范化、社会化、精细化。

第四节　着力攻坚大气污染治理，全面改善环境质量

坚持源头减排、过程管控与末端治理相结合，多措并举、多方联动、多管齐下，以环境倒逼机制推动产业转型升级。综合运用法律、经济、科技、行政等手段，强化区域联防联控联治，推动污染物大幅减排，全面改善环境质量。努力让人民群众享受到蓝天常在、青山常在、绿水常在的生态环境。

第82条　综合施策，全面推进大气污染防治

在正常气象条件下，到2020年大气中细颗粒物（$PM_{2.5}$）年均浓度由现状80.6微克/立方米下降到56微克/立方米左右，到2035年大气环境质量得到根本改善，到2050年达到国际先进水平。

1. 控制燃煤污染物排放

全面推进燃气锅炉低氮燃烧改造工程，以煤改气、煤改电等方式，推进各类燃煤设施和农村地区散煤采暖的清洁能源改造。到2020年全市煤炭消费总量由现状1165万吨下降到500万吨以内，实现平原地区基本无燃煤锅炉，中心城区和重点地区实现无煤化；到2035年全市基本实现无煤化。

2. 推进交通领域污染减排

坚持机动车总量控制，鼓励发展新能源汽车。提高新车排放标准和车用油品标准，到2020年燃油出租车力争达到国V及以上标准。发展低排放公共交通，严格管控重型柴油货运车，有序淘汰高排放老旧机动车。

3. 削减工业污染排放总量

淘汰落后产能和高污染、高耗能产业，推进重点行业环保技术改造升级，深化治

理石化、建筑涂装等行业的挥发性有机物污染。严控、调整在京石化生产规模。开展强制性清洁生产审核，构建清洁循环发展的产业体系。

4.严格控制扬尘和农业面源污染

运用新技术新工艺，全面控制施工和道路扬尘污染。有序压缩农业生产和养殖业规模。改进种植业生产技术，降低农药、化肥等使用强度和总量，减少设施农业挥发性有机物和氨排放。

第83条 控制能源消费总量，优化能源结构

统筹处理好城市发展与资源能源利用、环境质量改善和共同应对气候变化的内在联系，推进经济社会绿色化、低碳化转型。深度挖掘产业结构、能源结构和功能结构调整的节能减碳潜力，以国际一流标准建设低碳城市。

1.严格控制能源消费总量

加强碳排放总量和强度控制，强化建筑、交通、工业等领域的节能减排和需求管理。全市现状能源消费总量约6853万吨标准煤，到2020年控制在7650万吨标准煤，到2035年力争控制在9000万吨标准煤左右。提升城市基础设施适应能力、城市系统碳汇能力，增强极端气候事件应急能力，将北京建设成为气候智慧型示范城市。

2.构建多元化优质能源体系

因地制宜开发本地新能源和可再生能源，积极引进外埠清洁优质能源，提供更稳定安全的能源供应保障，努力构建以电力和天然气为主，地热能、太阳能和风能等为辅的优质能源体系。到2020年优质能源比重由现状86.3%提高到95%，到2035年达到99%。到2020年新能源和可再生能源占能源消费总量比重由现状6.6%提高到8%以上，到2035年达到20%。

第84条 加强风险防控，保障土壤环境安全

到2020年土壤环境质量总体保持稳定，建立健全土壤环境监测网络，实现土壤环境质量监测点位各区全覆盖，受污染耕地及污染地块安全利用率均达到90%以上。到2035年农用地和建设用地土壤环境安全得到全面保障，土壤环境风险得到全面管控，受污染耕地及污染地块安全利用率均达到95%以上。

1. 加强农业土壤污染防治工作

科学施用农药、化肥，禁止施用高残留农药，开展农药包装物和农膜回收利用，轻度、中度污染耕地采取替代种植等措施安全利用，重度污染耕地严禁种植食用农产品，切实保障农用地土壤环境安全。

2. 实施污染地块风险管理

推进现状工业用地和集体建设用地减量腾退后的土壤环境调查、监测、评估和修复。建立工业企业用地原址再开发利用调查评估制度，受污染地块优先实施绿化并封闭管理，确需开发利用的，需治理修复达标后方可使用，确保土地开发利用符合土壤环境质量要求。

第 85 条　加强固体废弃物收运，提升处理处置能力

以减量化、资源化、无害化为原则，高标准建设固体废弃物集中处理处置设施。着力构建城乡统筹、结构合理、技术先进、能力充足的生活垃圾处理体系，健全政府主导、社会参与、市级统筹、属地负责的生活垃圾管理体系。

1. 推进危险废物和医疗废物安全处理处置

建立健全危险废物环境管理系统，积极完善配套政策制度，强化重点领域环境风险管控。加强危险废物和医疗废物全过程管理和无害化处置能力建设，继续推进电子垃圾回收拆解工作，加大工业固体废物污染防治力度，到2020年工业固体废物实现安全利用和无害化处理。

2. 提高生活垃圾处理水平，完善生活垃圾管理体系

全面实施生活垃圾强制分类，建立全生命周期的生活垃圾管理系统，鼓励社会专业企业参与垃圾分类与处理，并向社区前端延伸。加强垃圾焚烧飞灰的资源化处置，实现垃圾分类处理、资源利用、废物处置无缝高效衔接。完善垃圾管理配套制度，加强监管和执法力度，完善生活垃圾跨区处理经济补偿机制。发展循环低碳经济，建设循环经济产业园，提升综合处理能力。到2020年生活垃圾焚烧和生化处理能力达到3万吨/日，基本实现原生生活垃圾零填埋；到2035年生活垃圾焚烧和生化处理能力达到3.5万吨/日，全面实现原生生活垃圾零填埋。

第 86 条 防治噪声和辐射污染,降低环境风险水平

以保障环境安全为底线,强化环境污染防治、降低环境风险水平,提升生态环境监管水平,健全环境污染事故应急体系。

1. 降低环境噪声水平

推进公共交通车辆、轨道交通等重点交通噪声源控制技术研究及示范应用。降低交通及施工噪声,控制居住区噪声,加强机场和飞机噪声管理。

2. 加强核与辐射环境安全监管

实施高风险辐射源总量控制,完善辐射环境管理体系。强化对试验性、研究性核反应堆周边环境质量的实时监测,对放射源生产、销售、使用、运输、贮存和收贮等流转环节实行全生命周期严格监管。逐步退出与首都功能不相适应、安全风险较高的核与辐射活动。

第五节 借鉴国际先进经验,提升市政基础设施运行保障能力

适应资源环境约束新要求,按照世界城市标准定位,形成适度超前、相互衔接、满足未来需求的功能体系,在设施建设标准、市政服务质量、运行安全保障等方面,全面提升市政基础设施规划建设水平。

第 87 条 建设国际一流、城乡一体的基础设施体系

1. 全面提升基础设施建设标准

按照适度超前、绿色环保、城乡一体的原则,以技术创新和机制创新为手段,提高基础设施规划标准和建设质量,保障城市运行安全。中心城区防洪标准达到 200 年一遇,北京城市副中心达到 100 年一遇,新城达到 50—100 年一遇。中心城区、北京城市副中心防涝标准达到 50 年一遇,局部特别重要地区达到 100 年一遇,新城达到 20—30 年一遇。提升城市雨水管道建设标准,重要及特别重要地区设计降雨重现期为 5—10 年一遇。到 2020 年人均用电负荷达到 1.2 千瓦左右,到 2035 年达到 1.7 千瓦左右。到 2020 年人均天然气用量由现状约 670 立方米提高到 800 立方米以上。

2. 保障城乡供水安全

中心城区形成两大供水动脉、一条水源环线、八大主力水厂，中心城区以外地区分区新建、扩建自来水厂，形成整体均衡布局的供水格局。到2020年中心城区和北京城市副中心供水安全系数达到1.3，全市供水能力达到900万吨/日；到2035年全市供水安全系数达到1.3，供水能力达到1200万吨/日。

3. 建设污水处理与再生水利用设施

坚持集中和分散相结合、截污和治污相协调，完善污水收集处理及污泥处理设施建设，提高污水、污泥处理水平，全面提升再生水品质，扩大再生水应用领域。中心城区新建、扩建9座再生水厂，中心城区以外地区新建、扩建30座再生水厂，加强城乡结合部和村镇污水管网建设，提高农村地区污水处理设施的覆盖率。到2020年全市污水处理能力达到750万吨/日，到2035年达到900万吨/日。到2020年全市城乡污水处理率提高到95%，到2035年提高到99%以上，其中城镇污水处理率分别提高到96.5%、100%。

4. 完善雨水排除工程体系

加强城市排水河道、雨水调蓄区、雨水管网及泵站等工程建设，开展城市积水点、易涝区治理，实现防洪防涝安全和雨水资源综合管理的目标。

5. 打造安全高效、能力充足的绿色智能电网

促进北京与河北新能源基地合作共建，建设西北、南部方向绿色电力输送通道。加强西电东送、北电南送通道建设。到2020年全市电力负荷达到2600万千瓦，电网总供电能力达到4350万千瓦；到2035年全市电力负荷达到4000万千瓦左右，电网总供电能力达到5450万千瓦。

6. 完善多源多向、灵活调度的天然气输配系统

完善陕京输气系统，联结中俄东线、海上液化天然气输气通道，形成多源多向的气源供应体系；建设京津冀地区地下储气库，依托唐山液化天然气码头建设储气设施，增强储气调峰能力；完善市内管网系统。提高门站总接收能力，提高输配系统保障能力，实现六环路高压A管网成环。保障供气安全，到2020年全市天然气供应能力由现状约150亿立方米/年提高到200亿立方米/年。

7.发展多种方式、多种能源相结合的安全清洁供热体系

提升供热能力，完善热电气联调联供机制，保障城市能源系统安全稳定运行。扩大区域能源合作。中心城区以城市热网集中供热、燃气供热为主，新能源和可再生能源供热为补充，实现供热无煤化。中心城区以外地区新建供热设施以燃气供热为主，鼓励发展清洁能源、新能源和可再生能源供热。到2020年全市清洁能源供热比例达到95%以上，到2035年达到99%以上。

8.建成宽带、泛在、融合、安全的信息基础设施

建设高速泛在、畅通便捷、质优价廉的信息网络和服务体系，促进信息基础设施互联互通、资源共享。到2020年城区家庭宽带接入能力普遍达到1千兆比特/秒（Gbps），移动通信实现第四代移动通信（4G）网络全覆盖，成为第五代移动通信（5G）首批试点商用城市；持续优化互联网骨干网间互联架构，扩展互联网网间带宽容量。到2035年全面建成国内领先、世界先进的宽带网络基础设施。

第88条 科学构建综合管廊体系

按照先规划、后建设的原则，科学布局综合管廊。中心城区规划形成一轴、两环、多点、多片区的布局。中心城区以外地区以重点功能区为先导规划建设综合管廊。到2020年建成综合管廊长度由现状约12.5公里提高到150—200公里，到2035年达到450公里左右。

重点在北京城市副中心、丽泽金融商务区、北京新机场等地区，结合地下空间综合开发同步建设综合管廊。

第89条 促进基础设施功能融合

1.构建生态共生的新型市政资源循环利用中心

推进污水处理、垃圾焚烧和能源供应等多种市政设施的功能整合和综合设置，推广资源循环利用中心建设，同时兼顾城市景观、综合服务、休闲游憩等需求，形成资源循环利用体系。

2.创新集成多维服务的公共空间模式

完善城市公厕规划布局，以固定式、附建式为主，以社会公厕为辅，适当补充移动公厕。把城市公厕打造成多维服务的第五空间。

第六节　健全公共安全体系，提升城市安全保障能力

牢固树立和贯彻落实总体国家安全观，坚持政府主导与社会参与相结合，加强公共安全各领域和重大活动城市安全风险管理，深化平安北京建设，增强抵御自然灾害、处置突发事件和危机管理能力，降低城市脆弱度，形成全天候、系统性、现代化的城市运行安全保障体系，让人民群众生活得更安全、更放心。

第 90 条　加强城市防灾减灾能力，提高城市韧性

1. 构建城市防灾空间格局

以城市快速路、公园、绿地、河流、广场为界，划分防灾分区，坚持完善城市开敞空间系统，预留防灾避难空间和中长期安置重建空间。提高城市综合防灾和安全设施建设标准，加强设施运行管理，建设首都防灾体系。

2. 构建京津冀广域防灾体系

建设航空、铁路、公路协同的区域疏散救援通道，提高通道设防等级。健全京津冀突发事件协同应对和联合指挥机制、应急资源合作共享机制。

3. 建设统一的灾害风险评估和监测预警体系

针对地震灾害、火灾与爆炸、气象灾害、地质灾害、水安全、交通事故与灾害、生物灾害与疫病、生命线系统事故、城市工业化事故、建设项目及公共场所事故等主要灾害，深化城市灾害风险评估。综合统筹多种自然灾害的监测预警体系，完善环境风险防控和应急响应体系。

4. 加强灾害易损点段管理

完善各类灾害易发区的识别与划定，治理现状安全隐患，严控新增建设；提高建构筑物抗震、消防、防洪等抗灾能力，加强超高层建筑防火，广泛应用减隔震技术，开展次生灾害排查，对不达标的予以整改或更新；适度提高重要设施、灾害高风险地段设防等级，并加强监测管理。

第 91 条　强化安全风险管理，提高城市公共安全水平

1. 全力防范暴力恐怖活动

完善反恐怖工作体制。加强重点区域、人员密集场所及出租房屋、地下空间综合整治。

2. 完善立体化、信息化社会治安防控体系

高标准推进首都社会治安防控网建设，健全周边跨区域治安协同防控体系。建设首都公共安全大数据服务平台，提升应对突发公共事件的能力。

3. 强化城市运行安全

加强水、电、气、热、交通等城市运行安全监测，推进生命线系统预警控制自动化，建立健全多路多源的生命线战略安全体系，确保重要供给线广域联通。加强公交、轨道交通、交通枢纽安全防控，确保轨道交通安全设施随线路运营同步启用。

4. 强化事故灾害和食品药品安全监管

健全落实安全生产责任制，深入开展油气管道、建筑施工、人员密集场所等重点行业、重点区域专项整治，对危险化学品的生产、运输、储存进行全过程智能监管，坚决遏制重特大事故发生。用最严谨的标准、最严格的监管、最严厉的处罚、最严肃的问责，加快建立科学完善的食品药品安全治理体系。

5. 强化城市安全风险管理体系

完善隐患排查整改工作机制，加强经济安全、社会安全、信息安全、生态安全等领域的风险控制和隐患治理。全面梳理各种风险源、风险点、危险源、事故隐患，建立排查、登记数据库和信息系统，进行风险评估，编制应急预案。

第 92 条　建设综合应急体系，提高城市应急救灾水平

1. 完善应急指挥救援体系

按照防空防灾一体化、平战结合、平灾结合的原则，完善应急指挥救援体系，推动市区两级指挥场所、消防队站建设，建立健全与军队、公安消防和武警等部门的应急联动机制，加强各专业应急救援队伍建设。以街道和社区为主体，加强应急志愿者队伍建设。

2.健全救援疏散避难系统

推进避难场所分级建设，到 2020 年人均应急避难场所面积由现状 0.78 平方米提高到 1.09 平方米，到 2035 年力争达到 2.1 平方米。以干线公路网和城市干道网为主通道，建设安全、可靠、高效的疏散救援通道系统。

3.完善生命线应急保障系统

建设应急供水系统、应急供电设施、广播通信系统、应急交通系统、应急垃圾及污水处理设施，保障生命线设施在紧急状态下良好运行，并预留安全储备。

4.推进应急救灾物资储备系统建设

在市域范围内建立市、区、乡镇（街道）三级救灾物资储备库，形成救灾物资、生活必需品、医药物资和能源物资储备库网络体系。

5.加强应急保障设施日常管理

建立健全相关管理制度，做好各类应急保障设施运行维护、管理和保障工作。

第93条　加强军事设施保护，推动军民融合发展，提升人防工程建设水平

1.加强军事设施保护

依法划定军事禁区、军事管理区、安全保护范围，落实电磁环境、空域、建筑控高等空间管控和安全保障要求。周边建设项目立项规划前应做好对军事设施影响的预先考虑和先期评估，加强对军事和涉密设施的安全保护。

2.提升人防工程建设水平

加强人防设施规划建设，增强首都综合防护能力，建立以地铁为骨干、防空地下室为主体、专业配套工程为重点、综合管廊等兼顾设防的地下空间为补充的防护工程体系。人防设施与城市基础设施相结合，实现军民兼用。

3.实现军民深度融合发展

加强基础领域、产业领域、科技领域、教育资源、社会服务、应急和公共安全统筹，增强对经济建设和国防建设的整体支撑能力。民用机场、铁路公路、通信网络、仓储物流等骨干基础设施落实国防要求，军用机场、战备公路等国防工程兼顾民用功能。提高军队保障社会化水平，建立健全军地统筹衔接的公共服务体系。加强军事区域污染治理基础设施建设和生态环境建设。提高军地协同应对能力，健全军地应急行

动协调机制，统筹推进军地应急保障装备设施建设。

第七节　健全城市管理体制，创新城市治理方式

坚持系统治理、依法治理、源头治理、综合施策，从精治、共治、法治、创新体制机制入手，构建权责明晰、服务为先、管理优化、执法规范、安全有序的城市管理体制。推动城市管理走向城市治理，促进城市运行高效有序，形成与国际一流的和谐宜居之都相匹配的城市治理能力。

第94条　加强精细化管理

1. 提高城市环境治理能力

建立精细治理的长效机制，推进城市环境治理更加精准全面，既要管好主干道、大街区，又要治理好每个社区、每条小街小巷小胡同。开展疏解整治促提升专项行动，疏解非首都功能，拆除违法建设，整治开墙打洞与占道经营，综合整治老旧小区，提升生活性服务业品质；开展背街小巷整治提升专项行动，建立街巷长制，整治街巷环境，解决乱停车、主次干道架空线入地等；加强城乡结合部环境综合治理，着力解决垃圾、污水、违法建设等突出问题；建立长效管控机制，加强浅山区生态修复与违法违规占地建房治理。

2. 提升城市网格化管理水平

将网格化管理作为城市精细化管理的基础，加强统一管理，建成覆盖城乡、功能齐全、三级联动的工作体系。提高网格化运行效率，实现网格常态化、精细化、制度化管理。

3. 健全智慧服务管理体系

全面推进三网融合，推广云计算、大数据、物联网、移动互联网等新一代信息技术。建立以城市人口精准管理、交通智能管理服务、资源和生态环境智能监控、城市安全智能保障为重点的城市智能管理运行体系。健全城市信息系统，强化对城市规划建设、国土资源管理、地理国情监测等领域的支撑。推进"互联网＋政务服务"、智慧社区和智慧乡村服务，深化医疗健康、教育等智慧应用，建立社会保障大数据和云计算服务体系，构建多渠道、便捷化、集成化信息惠民服务体系。

第 95 条　推动多元治理

1. 提高多元共治水平

坚持人民城市人民建、人民管，依靠群众、发动群众参与城市治理。畅通公众参与城市治理的渠道，培育社会组织，加强社会工作者队伍建设，调动企业履行社会责任积极性，形成多元共治、良性互动的治理格局。整合行政、市场、社会、科技手段，实现城市治理方法模式现代化。

2. 提升城乡社区治理水平

完善社区治理机制，建立社区公共事务准入制度，推广参与型社区协商模式，增强居民社区归属感。加强社区综合管理，健全常态化管理机制，完善配套设施和管理体系。

第 96 条　坚持依法治理

更加注重运用法规、制度、标准来管理城市，运用法治思维和法治方式化解社会矛盾。完善综合执法体系，搭建城市管理联合执法平台，构建综合执法与专业执法相协调，部门执法与联合执法相结合，市、区、乡镇（街道）职责分工明晰的执法工作格局。加强法治宣传教育和公共文明建设，提升市民守法意识和文明素质，使首都成为依法治理的首善之区。

第 97 条　创新体制机制

1. 健全统筹协调机制

深化城市综合管理体制改革，理顺城市管理职责关系，加强城市管理统筹，强化部门联动，增强城市管理工作的整体协调性，构建权责明晰、服务为先、管理优化、执法规范、安全有序的城市管理体制。推动管理重心下移，创新街道社区治理模式，夯实基层基础。完善农村治理结构，构建城乡一体化综合治理体系。面向京津冀建立区域协同治理机制。

2. 积极引入市场化机制

鼓励通过政府与社会资本合作（PPP）方式，推进基础设施、市政公用、公共服务等领域市场化运营，开展环境污染第三方治理，在环卫保洁、绿化养护、公共交通、河道管护等领域推进政府购买服务。

第六章　加强城乡统筹，实现城乡发展一体化

深入落实首都城市战略定位，建设国际一流的和谐宜居之都，必须把城市和乡村作为有机整体统筹谋划，破解城乡二元结构，推进城乡要素平等交换、合理配置和基本公共服务均等化，推动城乡统筹协调发展。充分挖掘和发挥城镇与农村、平原与山区各自优势与作用，优化完善功能互补、特色分明、融合发展的网络型城镇格局。全面推进城乡发展一体化，加快人口城镇化和经济结构城镇化进程，构建和谐共生的城乡关系，形成城乡共同繁荣的良好局面，成为现代化超大城市城乡治理的典范。

第一节　加强分类指导，明确城乡发展一体化格局和目标任务

第98条　完善新型城乡体系

针对平原地区和生态涵养区不同资源禀赋条件，创新完善中心城区—北京城市副中心—新城—镇—新型农村社区的现代城乡体系，制定分区指导、分类推动、分级管控的城乡一体化发展策略，形成以城带乡、城乡一体、协调发展的新型城乡关系。

集约紧凑的宜居城区、各具特色的小城镇和舒朗有致的美丽乡村相互支撑，景观优美、功能丰富的大尺度绿色空间穿插其中，着力形成大疏大密、和谐共融、相得益彰的城乡空间形态。按照不同区域资源环境承载能力、功能定位和生态保护要求，建立分区分类建设强度管控机制。

第99条　建设绿色智慧、特色鲜明、宜居宜业的新型城镇

1. 加强分类引导

重点把握好新型城镇建设的3种形态，切实发挥镇在城乡发展一体化中承上启下的重要作用。

新市镇建设：选择在城市重要发展廊道和主要交通沿线、具有良好发展基础、资

源环境承载能力较高的地区，建设具有一定规模、功能相对独立、综合服务能力较强的新市镇。新市镇是辐射带动和服务周边乡镇地区发展，承接中心城区部分专项功能疏解转移，具有完备的公共服务设施和基础设施的新型城镇。

特色小镇建设：依托资源禀赋和特色文化资源，着力培育特色产业功能，探索引导功能性项目、特色文化活动、品牌企业落户小城镇。塑造特色风貌形态，提升建成区环境品质，建设一批历史记忆深厚、地域特色鲜明、小而精的特色小镇。

小城镇建设：发挥小城镇促进本地城镇化的作用，着力提升基础设施和公共服务水平，加强绿色生态保护，推进城镇化和农业现代化融合发展，将镇中心区建设成为本地区就业、居住、综合服务和社会管理中心。

2.加强分区指导

位于中心城区、新城内的乡镇，重点推进土地征转、完善社会保障，实现城市化改造；中心城区、新城外平原地区的乡镇，培育强化专业分工特色，适度承接中心城区生产性服务业及医疗、教育等功能，提高吸纳本地就业能力，促进农村人口向小城镇镇区有序集聚；山区乡镇充分发挥生态屏障、水源涵养、休闲度假、健康养老等功能，带动本地农民增收。

3.加强开发建设管控

严格控制小城镇建设规模，集约紧凑与宜居适度相结合，营造疏密有致、绿色生态的景观环境。创新小城镇建设实施方式，鼓励存量用地转型升级，吸引社会资本参与，防止变相搞房地产开发。

第100条 推进新型农村社区建设，打造美丽乡村

全面完善农村基础设施和公共服务设施，加强农村环境综合治理，改善居民生产生活条件，提升服务管理水平，建设新型农村社区。以传统村落保护为重点，传承历史文化和地域文化，优化乡村空间布局，凸显村庄秩序与山水格局、自然环境的融合协调。完善美丽乡村规划建设管理机制，实现现代化生活与传统文化相得益彰，城市服务与田园风光内外兼备，建设绿色低碳田园美、生态宜居村庄美、健康舒适生活美、和谐淳朴人文美的美丽乡村和幸福家园。

第二节　全面深化改革，提高城乡发展一体化水平

第101条　全面实现城乡规划、资源配置、基础设施、产业、公共服务、社会治理一体化

1. 城乡规划一体化

完善城乡规划管理体制，建立健全城乡一体的空间规划管制制度，创新集体建设用地利用模式。以区为主体制定集体建设用地规划和实施计划，以乡镇为基本单元统筹规划实施，全面推动城乡建设用地减量提质。

2. 城乡资源配置一体化

推进农村土地征收、集体经营性建设用地入市、宅基地制度改革，探索建立城乡统一的建设用地市场。在符合规划和用途管制前提下，探索扩大集体经营性建设用地有序入市。深化集体产权制度改革，在农村土地确权登记颁证的基础上，积极探索农村土地所有权、承包权和经营权"三权分置"的有效形式，促进集体经济组织向现代企业转型，实现规模化、集群化发展。规范农村住房建设标准，制定农村建房和升级改造规程，多措并举盘活闲置宅基地等农村闲置资产，依法保障农民和集体合法权益，鼓励农民带着资产融入城市。

3. 城乡基础设施一体化

改革基础设施投融资模式和建设方式，推进农村道路、公共交通、供排水设施、清洁能源供应、环卫设施、信息化等建设，着力提升农村基础设施通达水平，实现市政交通服务全覆盖。加强生态基础设施建设，着力改善农村生态环境。推广清洁能源和农村各项设施低碳化、生态化处理方式，推动农村面源污染治理、土壤污染治理和污水处理。

4. 城乡产业一体化

切实发挥城市和重点功能区辐射带动作用，推动城乡功能融合对接，多渠道促进农民增收。坚持产出高效、产品安全、资源节约、环境友好的农业现代化道路，积极发展城市功能导向型产业和都市型现代农业。鼓励集体经营性建设用地资源与产业功能区和产业园区对接，利用减量升级后的集体经营性建设用地发展文化创意、科技研

发、商业办公、旅游度假、休闲养老、租赁住房等产业。合理调减粮食生产面积，推进高效节水生态旅游农业发展，注重农业生态功能，保障农产品安全，全面建成国家现代农业示范区。利用现有农业资源、生态资源以及集体建设用地腾退后的空间，探索推广集循环农业、创意农业、农事体验于一体的田园综合体模式。

5. 城乡公共服务一体化

缩小城乡基本公共服务差距，实现农村基本公共服务均等化。完善农村地区教育、医疗、文化等公共服务设施，提高公共服务水平；整合城乡医疗保险制度，构建城乡一体化医疗保险体系；完善城乡社会保障制度，实现全市低保标准城乡统一，提升农村社会福利和民生保障水平。鼓励和促进有能力在城镇稳定就业、生活的农村人口向城镇集中，实现就地就近城镇化。

6. 城乡社会治理一体化

统筹城乡社会管理，建立城乡一体的新型社会管理体系，提升农村地区治安管理、实有人口管理、群众矛盾调解、环境卫生综合整治等社会治理能力。深化农村组织制度改革，完善农村治理结构，积极探索村民自治社会管理模式，多途径提高农民组织化程度，大力发展多种形式的农民专业合作组织，充分发挥农村集体经济组织、村民自治组织的作用。

第三节　提高服务品质，发展乡村观光休闲旅游

第 102 条　明确发展目标，优化空间布局，加强乡村观光休闲旅游设施建设，全面提升乡村旅游服务水平

1. 明确发展目标

按照城乡发展一体化方向，坚持乡村观光休闲旅游与美丽乡村建设、都市型现代农业融合发展的思路，推动乡村观光休闲旅游向特色化、专业化、规范化转型，将乡村旅游培育成为北京郊区的支柱产业和惠及全市人民的现代服务业，将乡村地区建设成为提高市民幸福指数的首选休闲度假区域。

2. 优化空间布局

依托京郊平原、浅山、深山等地区的山水林田湖等自然资源和历史文化古迹等人

文资源，结合不同区域农业产业基础和自然资源禀赋，完善旅游基础设施，提高公共服务水平，打造平原休闲农业旅游区、浅山休闲度假旅游区和深山休闲观光旅游区。

3.加强乡村观光休闲旅游设施建设

推动乡村旅游与新型城镇化有机结合，建设一批有历史记忆、地域特色的旅游景观小镇。提升民俗旅游接待水平，培育一批有特色、环境优雅、食宿舒适的高端民俗旅游村。完善空间布局，建设具有高水平服务的乡村旅游咨询和集散中心。促进乡村旅游与都市型现代农业、文化体育产业相融合，发展乡村精品酒店、国际驿站、养生山吧、民族风苑等新型业态，建设综合性休闲农庄。推动乡村旅游目的地周边环境治理，推进登山步道、骑行线路和景观廊道建设。

第四节　加大治理力度，实现城乡结合部减量提质增绿

第 103 条　明确减量提质增绿的目标任务

现状城乡结合部主要是指四环路至六环路范围规划集中建设区以外的地区，主要包括第一道绿化隔离地区、第二道绿化隔离地区，总面积约 1220 平方公里。城乡结合部地区是构建平原地区生态安全格局、防控首都安全隐患、遏制城市摊大饼式发展的重点地区，同时也是全市人口规模调控、非首都功能疏解、产业疏解转型和环境污染治理的集中发力地区。

按照 2035 年实现一绿建成、全面实现城市化，二绿建好、加快城乡一体化的总体目标，疏解与整治并举，全面实现绿化隔离地区减量提质增绿和集体产业、基础设施、民生保障、社会管理的城乡一体化发展。

第 104 条　大幅扩大绿色空间规模，提高生态服务质量

大幅增加绿地面积，优化绿地结构，提升绿化质量，重点建设好第一道绿化隔离地区城市公园环和第二道绿化隔离地区郊野公园环，提高绿地生态功能和休闲服务功能。

1.推进第一道绿化隔离地区城市公园环建设

力争实现全部公园化，加强各个城市公园之间联系。到 2020 年绿色开敞空间占

比由现状 35% 提高到 41% 左右，到 2035 年规划绿地全部实现，绿色开敞空间占比提高到 50% 左右。

2.大幅提高第二道绿化隔离地区绿色空间比重

大力推进郊野公园建设，形成以郊野公园和生态农业用地为主体的环状绿化带，加强九条楔形绿色廊道植树造林。到 2020 年绿色开敞空间占比由现状 59% 提高到 63% 左右，到 2035 年提高到 70% 左右。

3.提高绿化实施保障水平

积极开展植树造林，推动现状低效用地腾退还绿。提高绿地建设和养护标准，第一道绿化隔离地区已建及在建公园绿地养护全部实现与城市园林绿化同等标准；加大第二道绿化隔离地区生态建设投入力度，完善绿地实施和养护机制。

第 105 条 加强综合施策治理，完善统筹实施机制

1.优化调整城乡结合部地区产业发展结构

坚决整顿、清退不符合首都功能的产业，结合不同地区资源禀赋、区位条件和功能定位，积极发展宜绿、宜游、宜农的都市型休闲产业。以承接市民游憩和休闲养生为导向，现有集体建设用地再利用和集体产业发展应充分与城市功能相衔接。第一道绿化隔离地区重点发展服务城市功能的休闲产业、绿色产业，第二道绿化隔离地区重在提升环境品质，发展城乡结合、城绿结合的惠农产业、特色产业。

2.促进城乡结合部地区与集中建设区基础设施建设统一规划、统一建设、统一管理

提高城乡结合部地区基础设施建设标准，改革投资、建设和管理机制。第一道绿化隔离地区按照中心城区标准统一建设基础设施；第二道绿化隔离地区加强与集中建设区的统筹规划、建设和管理，重点提高垃圾、污水处理率和清洁能源利用比例。

3.强化以规划实施单元为平台的乡镇（街道）、区、市三级统筹机制

以乡镇（街道）为基本单元，变项目平衡为区域统筹，推动集中建设区新增用地与绿化隔离地区低效用地减量捆绑挂钩，强化土地资源、实施成本、收益分配和实施监管统筹管理。针对实施任务较重的地区，探索跨区域平衡机制。创新土地收益分配方式，集中建设区的土地收益优先用于解决周边城乡结合部改造。

4.加强规划实施中的资金保障和成本监控

加大城乡结合部基础设施、村庄整治、民生保障、绿化环境等资金投入。创新和统筹利用土地一级开发、集体产业用地腾退集约、国有单位自有用地自主改造等不同实施模式，细化明确拆占比、拆建比标准和农民安置标准，加强监管，降低实施成本。

第七章　深入推进京津冀协同发展，建设以首都为核心的世界级城市群

推动京津冀协同发展是实现首都可持续发展的必由之路。发挥好北京一核的辐射带动作用，携手津冀两省市推进交通、生态、产业等重点领域率先突破，着力构建协同创新共同体，推动公共服务共建共享，对接支持河北雄安新区规划建设，与河北共同筹办好2022年北京冬奥会和冬残奥会，强化交界地区规划建设管理，优化生产力布局和空间结构，建设以首都为核心的世界级城市群。

第一节　建设以首都为核心的世界级城市群

第106条　明确发展目标

围绕首都形成核心区功能优化、辐射区协同发展、梯度层次合理的城市群体系，探索人口经济密集地区优化开发的新模式，着力建设绿色、智慧、宜居的城市群。强化在推进国家新型城镇化战略中的转型与创新示范作用，提升京津冀城市群在全球城市体系中的引领地位。推动京津冀区域建设成为以首都为核心的世界级城市群、区域整体协同发展改革引领区、全国创新驱动经济增长新引擎、生态修复环境改善示范区。

1. 促进北京及周边地区融合发展

加强跨界发展协作和共同管控，建设国际化程度高、空间品质优、创新活力强、文化魅力彰显、公共服务均等、社会和谐包容、城市设计精良的首善之区。

2. 推动京津冀中部核心功能区联动一体发展

重点抓好非首都功能疏解和承接工作，推动京津保地区率先联动发展，增强辐射带动能力。推进京津双城功能一体、服务联动，引导京津走廊地带新城和重点功能区

协同发展；以节点城市为支撑，形成若干职住平衡的高端功能中心、区域服务中心、专业化中心；支持建设若干定位明确、特色鲜明、规模适度、专业化发展的微中心，建设现代化新型首都圈。

3.构建以首都为核心的京津冀城市群体系

以建设生态环境良好、经济文化发达、社会和谐稳定的世界级城市群为目标，建立大中小城市协调发展、各类城市分工有序的网络化城镇体系。聚焦三轴，将京津、京保石、京唐秦等主要交通廊道作为北京加强区域协作的主导方向；依托四区共同推动定位清晰、分工合理、协同互补的功能区建设，打造我国经济发展新的支撑带。

第107条 构筑协同一体的城市群空间体系

1.充分发挥北京一核的引领作用

把有序疏解北京非首都功能，优化提升首都功能，解决北京"大城市病"问题作为京津冀协同发展的首要任务，在推动非首都功能向外疏解的同时，大力推进内部功能重组，引领带动京津冀协同发展。

2.强化京津双城在京津冀协同发展中主要引擎作用

强化京津联动，全方位拓展合作广度和深度，实现同城化发展，推进面向全球竞争的京津冀城市群中心城市建设，共同发挥高端引领和辐射带动作用。

3.实现北京城市副中心与河北雄安新区比翼齐飞

北京城市副中心与河北雄安新区共同构成北京新的两翼，应整体谋划、深化合作、取长补短、错位发展，努力形成北京城市副中心与河北雄安新区比翼齐飞的新格局。

4.共同构建京津冀网络化多支点城镇空间格局

发挥区域性中心城市功能，强化节点城市的支撑作用，提升新城节点功能，培育多层次多类型的世界级城市群支点，进一步提高城市综合承载能力和服务能力，有效推动非首都功能疏解和承接聚集。

第108条 共建城市群可持续发展的支撑体系

1.协同构筑显山露水、品质优良的生态体系

积极参与区域生态安全格局构建，强化燕山—太行山生态安全屏障、京津保湿地

生态过渡带建设。推进区域重点绿化工程，建设环首都森林湿地公园，建设以区域生态廊道、水系湖泊为纽带的区域绿道网。共同推进跨区域生态环境治理工程，引导城市群通风廊道的合理布局。

2. 协同建立产城融合、创新驱动的产业空间体系

以创新为纽带，促进区域产业链条贯通。突出北京（中关村）的产业引领地位，重点培育河北雄安新区及天津滨海新区、石家庄、保定等高新技术产业集群和创新型产业集群。发挥北京的科技创新资源优势，推动区域内实验室、科学装置、试验场所的开放共享，构筑三地"政产学研用"一体的创新生态环境。

3. 协同形成共建共享、协调集约的基础设施体系

调整优化北京枢纽功能，增强天津、石家庄等中心城市枢纽作用，推动区域多节点、网络状的综合交通体系建设，打造绿色高效便捷的"轨道上的京津冀"。

建设跨区域的电力、天然气、油品等能源输送通道，推进区域内能源基础设施互联互通。加强综合交通信息、城市公共信息等各类信息共享，统筹各类规划的空间信息平台建设，推动京津冀信息化智慧化发展。

4. 协同营造京畿特色、多元活力的文化体系

建设京畿文化圈，形成彰显大国首都文化形象的文化网络体系。推进体现京津冀历史文化遗产精粹的文化带建设。协同实施历史文化遗产景观廊道、生态文化保护精品、现代文化功能区等区域重大文化工程。

5. 协同建设设施均好、区域均衡的公共服务体系

开展多层次区域教育合作，加强北京与津冀高等教育规划布局协调对接，支持京津冀高等教育教学与科研资源共建共享，推进优质基础教育资源向周边地区辐射。加快医疗卫生协同发展，通过扩大合作共建、对口支援、远程医疗等措施，稳步提升区域整体医疗卫生服务水平。协同应对跨区域突发卫生事件，提升区域疾病预防控制能力，促进区域公共卫生均等化。鼓励在京健康养老服务机构输出服务品牌和管理经验，提升区域健康养老服务水平。建立区域文化遗产保护体系，促进三地文化交流互动、一脉发展。推动区域内旅游服务一体化建设，形成区域旅游大格局。

第二节　对接支持河北雄安新区规划建设

第 109 条　全方位对接，积极支持河北雄安新区规划建设

主动加强规划对接、政策衔接，积极作为，全力支持河北雄安新区规划建设，推动非首都功能和人口向河北雄安新区疏解集聚，打造北京非首都功能疏解集中承载地，与北京城市副中心形成北京新的两翼，形成北京中心城区、北京城市副中心与河北雄安新区功能分工、错位发展的新格局。

1. 建立与河北雄安新区便捷高效的交通联系

按照网络化布局、智能化管理、一体化服务要求，构建便捷通勤圈和高效交通网。依托和优化既有高速公路通道，规划新增抵达河北雄安新区的高速公路，实现北京与河北雄安新区之间高速公路快捷联系。依托干线铁路，优化线位，加强与河北雄安新区交通枢纽的有效连接，积极扩容现有交通廊道，加大线网密度，实现与北京本地轨道交通网络的有效衔接。加强北京新机场、北京首都国际机场等国际航空枢纽与河北雄安新区的快速连接。

2. 支持在京资源向河北雄安新区转移疏解

加强统筹，支持部分在京行政事业单位、总部企业、金融机构、高等学校、科研院所等向河北雄安新区有序转移，为转移搬迁提供便利。做好与河北雄安新区产业政策衔接，积极引导中关村企业参与河北雄安新区建设，将科技创新园区链延伸到河北雄安新区，促进河北雄安新区吸纳和集聚创新要素资源，培育新动能，发展高新产业。在河北雄安新区合作建设中关村科技园区。

3. 促进公共服务等方面的全方位合作

全力支持央属高校、医院向河北雄安新区疏解。积极对接河北雄安新区需求，采取新建、托管、共建等多种合作方式，支持市属学校、医院到河北雄安新区合作办学、办医联体，推动在京部分优质公共服务资源向河北雄安新区转移。鼓励引导在京企业和社会资本积极参与，共同促进河北雄安新区建设完善的医疗卫生、教育、文化、体育、养老等公共服务设施和公共交通设施。

第三节　推进重点领域率先突破

第 110 条　推进区域交通一体化

建设国际性综合交通枢纽，改变北京单中心、放射状的交通结构，优化城市群交通体系，构建以轨道交通为骨干的多节点、网络化交通格局。

1. 打造世界级机场群

将北京—天津国际性综合交通枢纽建设成通达全球、衔接高效、功能完善的交通中枢。围绕北京首都国际机场和北京新机场构建国际一流的航空枢纽中心，加强与天津滨海机场、石家庄正定机场的分工协作，完善机场集疏运网络，形成层次清晰、分工合理的世界级机场群。

2. 打造轨道上的京津冀

重点推进干线铁路和城际铁路建设，强化高效衔接，提升区域运输服务能力。加强与津冀地区统筹，推动铁路外环线建设及大型货运站功能外迁。

3. 完善便捷通畅公路交通网

优化公路交通网布局，打通市域内国家高速公路"断头路"，建成环首都地区高速公路网。推动实现北京六环路国家高速公路功能外移。

第 111 条　强化区域生态环境联防联控联治

与津冀携手开展区域环境污染的联防联控联治，推动生态系统的保护与修复，着力扩大区域环境容量和生态空间。

1. 持之以恒改善区域空气质量

以治理大气中细颗粒物（$PM_{2.5}$）为重点，合力实施压减燃煤、控车节油、治污减排、清洁降尘等措施。推动区域大气污染防治统一规划、统一标准、统一监测、统一行动，完善跨区域重污染天气监测预警体系和应急协调联动机制。

2. 协同治理水环境、保护水生态

加强水源涵养林建设，推进重要河流、湿地、湖泊等的生态修复。推进永定河、潮白河、北运河、拒马河、沟河等跨界河流的综合治理，推进陈家庄水库、张坊水库等流域性防洪及水资源控制工程建设。加强上游来水水质监测，明确水环境保护目标责任，带头建立流域上下游横向生态保护补偿机制。

3. 携手共建绿色生态空间

推动环首都森林湿地公园建设，加强山水林田湖保护修复，构建区域生态网络，建设永定河—小清河绿楔、永定河生态廊道、南中轴绿楔、潮白河—通惠河绿楔和平谷—三河、潮白河绿楔等，推动北京生态绿楔与区域生态格局有机衔接。

第112条　加强区域产业协作和转移

1. 加强重点领域产业对接协作

依托京津、京保石、京唐秦等主要通道，推动制造业要素沿轴向集聚，协同建设汽车、新能源装备、智能终端、大数据、生物医药等优势产业链。积极构建京津都市现代农业区和环首都现代农业科技示范带，形成环京津一小时鲜活农产品物流圈。

2. 构建"4＋N"产业合作格局

聚焦曹妃甸区、北京新机场临空经济区、张（家口）承（德）生态功能区、滨海新区4个战略合作功能区，引导企业有序转移、精准对接，实现重大合作项目落地。

3. 携手构建区域协同创新共同体

促进北京创新资源的溢出辐射，推动重大科技创新成果在津冀转化，引领区域创新链、产业链、资源链、政策链深度融合，加强科技成果转化服务体系和科技创新投融资体系建设，构建京津冀协同创新共同体。

第113条　精准开展对口帮扶

建立完善北京与张家口、承德、保定三市国家级贫困县（区）结对帮扶关系，在产业发展、基本公共服务、基础设施建设、劳务合作和劳动力培训等领域精准开展对口帮扶，帮助受援地区实现可持续发展。

第四节　加强交界地区统一规划、统一政策、统一管控

第114条　坚持统一规划，发展跨界城市组团

合作编制交界地区整合规划，有序引导跨界城市组团发展，防止城镇连片开发。

第 115 条　保障统一政策，加强跨界协同对接

探索建立交界地区规划联合审查机制，规划经法定程序审批后严格执行。制定统一的产业禁止和限制目录，提高产业准入门槛。统筹规划交界地区产业结构和布局，有序承接北京非首都功能疏解和产业转移，支持发展战略性新兴产业和现代服务业，促进产业差异化、特色化发展，提升整体产业水平。

第 116 条　实现统一管控，有序跨界联动

1.严控人口规模

根据疏解北京非首都功能需要，确定交界地区人口规模上限，严格落实属地调控责任，有效抑制人口过度集聚，促进人口有序流动。

2.严控城镇开发强度

共同划定交界地区生态控制线，沿潮白河、永定河、拒马河建设大尺度绿廊。明确城镇建设区、工业区和农村居民点等开发边界，核减与重要区域生态廊道冲突的城镇开发组团规模。建立实施国土空间用途管制制度，加强交界地区土地利用年度计划管控，严控增量用地规模，坚决遏制无序蔓延，严禁环首都围城式发展。

3.严控房地产过度开发

严禁在交界地区大规模开发房地产，严控房地产项目规划审批，严禁炒地炒房，强化交界地区房地产开发全过程联动监管。

第五节　全力办好 2022 年北京冬奥会，促进区域整体发展水平提升

2022 年北京冬奥会是我国重要历史节点的重大标志性活动。坚持绿色办奥、共享办奥、开放办奥、廉洁办奥，高水平高质量规划建设各类场馆和基础设施，提供优良的服务和保障，办成一届精彩、非凡、卓越的冬奥会，充分发挥对京津冀协同发展强有力的牵引作用。

第 117 条　高水平规划建设赛事场馆

统筹考虑赛事需求、赛后利用、环境保护、文化特色、文物保护、无障碍等因素，按计划推进 2022 年北京冬奥会北京赛区和延庆赛区各类场馆规划建设，打造优质、生态、人文、廉洁的精品工程。比赛设施突出专业化、标准化、规范化，努力打造世界一流场馆；配套设施体现中国元素、当地特点，彰显中华文化独特魅力。严格落实节能环保标准，严把工程质量和安全关，严格控制建设成本。促进体育场馆和设施赛后综合利用，为市民提供运动休闲服务。

第 118 条　提供优良保障和服务

高标准、高质量完成京张高铁、延崇高速公路建设，完善北京、延庆与张家口三个赛区之间的交通联系，为运动员、教练员、观众及媒体工作人员提供便捷、顺畅的交通服务。同步推进三个赛区水利、市政、医疗、住宿、安保等设施建设。发挥首都资源优势，加强人才培养与合作，积极运用现代科技特别是信息化、大数据等技术，提高赛会运行保障和服务水平。

第 119 条　提升京张地区整体生态环境质量

坚持生态优先、资源节约、环境友好，重点围绕治气、治沙、治水，深入实施大气污染跨区域联防联控联治，实施严格的环境监管，持续改善京张地区空气质量；实施风沙源治理、平原造林、退耕还林等工程，加强交通廊道绿化美化；积极推进水源地保护、湿地保护、生态小流域治理等工程，保护好首都重要水源地和生态屏障。

第 120 条　延伸体育产业链条，推动群众性冰雪运动

以冰雪旅游产业协同发展为着力点，按照资源共享、政策互惠、功能互补、融合互动的原则，借助筹办 2022 年北京冬奥会的契机，共建京张文化体育旅游带，打造立足区域、服务全国、辐射全球的体育、休闲、旅游产业集聚区。扩大冬季运动覆盖面，夯实冬季运动群众基础，推动冰雪运动全面发展。

第八章　转变规划方式，保障规划实施

城市总体规划经法定程序批准后将成为北京城市发展的法定蓝图。全市上下和在京各部门各单位各方面应坚持依法办事，涉及空间规划的事情自觉接受城市总体规划约束，坚决维护城市总体规划的严肃性和权威性。尊重市民对城市规划的知情权、参与权与监督权，调动各方面参与和监督规划实施的积极性、主动性和创造性。北京市将做好组织实施和服务工作，保障首都功能布局良好、运行有序，各项建设与管理按照城市总体规划有效实施。

第一节　建立多规合一的规划实施及管控体系，实现一张蓝图绘到底

全面建立多规合一的规划实施管控体系，以城市总体规划为统领，重视土地利用总体规划，统筹各级各项规划，实现底图叠合、指标统合、政策整合，确保各项规划在总体要求上方向一致，在空间配置上相互协调，在时序安排上科学有序。

第 121 条　底图叠合，夯实城市发展本底

1. 坚持全域空间规划

率先实现城市总体规划与土地利用总体规划两图合一，实现城市规划向城乡规划转变，形成全域空间规划基础底图。整合山水林田湖五大生态要素，以资源环境承载能力为硬约束，划定生态控制线和城市开发边界。

2. 筑牢城市安全红线

完善首都安全防护规划和相应管控机制，加强对中央党政军领导机关、重大国事活动场所、重要军事设施、重要经济目标与城市运行的安全保障。综合抗震、工程地

质、防洪排涝、地面沉降、气候气象等重要限制性要素，推动水、电、油、气等城市生命线系统的有效衔接和统一，完善疏散救援通道系统。

3.描绘城市规划建设管理的一张蓝图

落实城市各项发展要素，科学配置空间资源，逐步推动国民经济和社会发展、产业、住房、交通、市政、环境保护、公共服务、公共空间等规划相融合，建立一张图审批管理平台，提高规划统筹管理水平和执行效果，形成统一衔接、功能互补、相互协调、一以贯之的一本规划、一张蓝图。

第122条　指标统合，科学统筹各项规划

1.建立规划指标逐级落实机制

加强对城市总体规划总目标的分解细化，制定各级各类地区规划及专项规划，编制控制性详细规划，开展城市设计，制定完善规划指标管控体系和落实机制，强化城市总体规划调控作用，确保城市总体规划刚性要求有效落实。

2.建立规划指标分阶段落实机制

健全规划行动机制，加强对城市总体规划目标任务的分解落实和实施推动。结合国民经济和社会发展规划、市级年度重大项目建设安排和财政支出，滚动编制近期建设规划和年度实施计划。

第123条　政策整合，保障规划有效实施

1.提高政府、社会、市民实施规划的协同性和积极性

完善政策机制，推动政府、社会、市民同心同向行动，使政府有形之手、市场无形之手、市民勤劳之手同向发力，鼓励企业和市民通过各种方式参与城市建设管理，推动规划有效实施。

2.制定完善重点领域有关政策

围绕疏解、整治、提升、发展，细化完善配套落实政策，加强各项政策的协调配合，健全完善疏解非首都功能、优化提升首都功能、人口调控、治理"大城市病"、服务保障"四个中心"、构建高精尖经济结构等方面的政策体系。

3.完善技术标准和规范体系

适时启动修订《北京市城乡规划条例》，及时调整完善有关政策法规。建立两规合一的用地分类标准和规则。建立贯穿规划编制、实施、管理全过程的城市设计体系，制定城市设计管理法规。及时修订相关技术规范，在规划设计、建设施工、运行管理等各个环节更加体现以人为本、绿色安全、节约集约的理念，推动各行业技术规范在理念、策略、标准等方面相互衔接。

4.改革建设开发模式

建立城乡统一的建设用地市场，创新集体建设用地集约集中和转型升级利用机制。建立深度土地一级开发模式，改革现有土地一级开发成本核算方法，将公共空间建设纳入土地一级开发范围。按照区域统筹、综合平衡的原则，建立以区为主体、以乡镇（街道）为基本单元的统筹规划实施机制。

5.完善疏解功能促发展的有关财税政策

根据疏解非首都功能、优化提升首都功能、推动京津冀协同发展的需要，结合财政事权和支出责任划分改革，完善市对区财政管理体制，完善疏解非首都功能控制增量、疏解存量的有关财税政策，建立实施创新驱动发展战略的财政激励引导机制。

第二节　建立城市体检评估机制，提高规划实施的科学性和有效性

第124条　建立国际一流的和谐宜居之都评价指标体系

贯彻新发展理念，坚持国际一流标准，结合北京实际情况，统筹各类规划目标和指标，初步建立国际一流的和谐宜居之都评价指标体系，共42项指标，并以此按年度对发展目标进程进行评估，实施指标体系定期动态管理。

第125条　建立城市体检评估机制

1.实时监测

搭建多规合一的城市空间基础信息平台和全覆盖、全过程、全系统的规划信息综合应用平台，对城市总体规划中确定的各项指标进行实时监测。定期发布监测报告，

将监测结果作为规划实施评估和行动计划编制的基础。

2.定期评估

建立一年一体检、五年一评估的常态化机制，年度体检结果作为下一年度实施计划编制的重要依据，五年评估结果作为近期建设规划编制的重要依据。建立城市总体规划实施情况部门自评估和第三方综合评估相结合的评估制度。定期对社会公布规划评估情况。

3.动态维护

结合五年评估和第三方综合评估，开展规划动态维护。采取完善规划实施机制、优化调整近期建设规划和年度实施计划等方式，确保城市总体规划确定的各项内容得到落实，并对规划实施工作进行反馈和修正。

第126条 完善专家咨询和公众参与长效机制

建立城市发展重大问题和重大项目规划咨询机制，引导各领域专家和公众在规划编制、决策和实施中发挥作用，使规划更好地反映民意、汇集民智、凝聚民心。

第三节 建立实施监督问责制度，维护规划的严肃性和权威性

第127条 完善城市规划法律法规体系

按照改革部署，推进重点领域法规的立改废释，形成覆盖城市规划建设管理全过程的法律法规制度。完善规划执行决策的法定程序，促进规划实施的依法、科学、民主决策。加大行政执法力度，提高违法成本，推进行政执法与刑事司法、纪检监察相衔接。

第128条 健全规划公开制度

1.编制公告

实施阳光规划，在规划编制期间，适时向社会公示规划方案，广泛征求社会各界

意见。控制性详细规划、特定地区规划及各级各类专业专项规划经法定程序批准后，及时向社会公布，接受社会监督。

2. 实施公开

市区两级政府定期向同级人民代表大会常务委员会报告城乡规划实施情况，并向社会公开。完善各级各类规划实施的社会公开和监督机制，形成全社会共同遵守和实施规划的良好氛围。

3. 修改公示

对已经批准的各级各类规划强制性内容进行修改，应当采取多种形式充分征求公众意见。确需修改的，依照法定程序报原审批机关批准，并在规划修改期间向社会公示规划修改内容。

第129条　建立规划实施的监督考核问责制度

1. 健全规划实施监管制度

建立市级城乡规划督察员制度，完善全市统一的规划监管信息平台，强化对规划全过程信息化监管，促进行政机关和有关主体主动接受社会监督。

2. 建立规划实施考核问责制度

经依法批准的城市总体规划和各级各类城乡规划必须严格执行，决不允许任何部门和个人随意修改、违规变更。依据规划实施任务分工落实方案，加强对规划实施的督导和考核，将考核结果作为各区、各部门及领导干部绩效考核的重要依据。健全监督问责机制，对违反规划和落实规划不力、造成严重损失或者重大影响的，一经发现，坚决严肃查处，依法依规追究责任。

第四节　加强组织领导，完善规划实施统筹决策机制

第130条　加强首都规划建设委员会的组织协调作用

首都规划建设委员会是首都规划建设的决策机构，要完善工作机制，发挥组织协调作用，加强对规划执行的检查，加强对重要问题的研究。完善首都规划建设委员会全体会议制度和议事规则，审议城市规划和规划管理的战略方针、阶段性工作成果及

其重大调整、变更；审议本年度建设计划安排和上年度建设计划完成情况；审议重要地区、重大项目选址和规划设计。完善主任办公会议制度，研究处理有关首都规划、建设、管理的重要问题。首规委办公室负责处理首规委全体会议、主任办公会议决定的事项，处理闭会期间日常工作。完善首都规划建设委员会联络员会议制度，通报规划建设中的重要情况，研究协调在京各部门在规划建设中的有关问题。

第131条　完善部门联动机制

完善重大项目选址决策机制，构建市区两级衔接联动的规划基础平台、各部门和各区协调推进工作的空间信息共享平台。加强各部门在公共财政投入、土地供应、重大项目推进与空间布局在建设时序上的相互协调，合理确定重点任务的年度安排和行动计划，实现市区协调、部门联动、同步高效。

第132条　优化调整规划事权

市政府作为规划管控主体，强化市级对城市规划的刚性控制和实施监督作用；区政府作为规划实施主体，发挥其主动性和积极性，合理配置区级规划实施的自主权。深入推进简政放权、放管结合、优化服务改革，逐步合并、下放、取消一批审批事项，除涉及全市性、系统性、跨区域的项目及重大工程外，逐步实现项目规划手续由区级办理。加强区级规划国土管理力量。

第133条　创新区域协同机制

在京津冀协同发展领导小组的领导下，建立京津冀地区城乡规划协商制度，加强两市一省经常性、制度性协商和对话，形成协同规划建设管理的长效机制，协调处理涉及区域协同发展的相关规划建设问题。以空间规划为平台，推进区域城乡规划建设、生态环境保护、产业协同发展和信息沟通共享等方面协调统筹，保障区域协同发展。

第134条　加强宣传培训

拓宽规划宣传渠道，营造良好的城乡规划工作氛围，推动首都城乡规划事业持续健康发展。利用高等学校、党校、行政学院等，加强城乡规划相关专业知识学习培训，培养一批专家型城市规划管理干部，打造一支服务意识好、业务能力强、敢于坚持原则的规划建设管理人才队伍,用先进理念、科学态度、专业化知识做好城市规划建设和管理工作。

第135条　建立重大事项报告制度

规划执行中遇有重大事项,及时向党中央、国务院请示报告。

规划建设管理好首都，是党中央、国务院赋予我们的重大责任，是国家治理体系和治理能力现代化的重要内容。北京城市总体规划一经批准，将成为城市发展、建设、管理的法定蓝图。全市和在京各单位要充分认识城市总体规划的重要性，切实维护规划的严肃性、权威性。要全面深化改革，突破城市规划建设管理中的难点和瓶颈问题，发扬工匠精神，精心组织实施，稳步推进，一茬接着一茬干，一张蓝图绘到底。让我们紧密团结在以习近平同志为核心的党中央周围，同心同德，开拓进取，勇于担当，真抓实干，不断开创首都城市发展新局面，无愧于伟大时代和人民！

附表　建设国际一流的和谐宜居之都评价指标体系

分项		指标	2015年	2020年	2035年
坚持创新发展，在提高发展质量和效益方面达到国际一流水平	1	全社会研究与试验发展经费支出占地区生产总值的比重（%）	6.01	稳定在6左右	
	2	基础研究经费占研究与试验发展经费比重（%）	13.8	15	18
	3	万人发明专利拥有量（件）	61.3	95	增加
	4	全社会劳动生产率（万元/人）	19.6	23	提高
坚持协调发展，在形成平衡发展结构方面达到国际一流水平	5	常住人口规模（万人）	2170.5	≤2300	2300
	6	城六区常住人口规模（万人）	1282.8	1085左右	≤1085
	7	居民收入弹性系数	1.01	居民收入增长与经济增长同步	
	8	实名注册志愿者与常住人口比值	0.152	0.183	0.21
	9	城乡建设用地规模（平方公里）	2921	2860左右	2760左右
	10	平原地区开发强度（%）	46	≤45	44
	11	城乡职住用地比例	1:1.3	1:1.5以上	1:2以上
坚持绿色发展，在改善生态环境方面达到国际一流水平	12	细颗粒物（$PM_{2.5}$）年均浓度（微克/立方米）	80.6	56左右	大气环境质量得到根本改善
	13	基本农田保护面积（万亩）	—	150	—
	14	生态控制区面积占市域面积的比例（%）	—	73	75
	15	单位地区生产总值水耗降低（比2015年）(%)	—	15	>40
	16	单位地区生产总值能耗降低（比2015年）(%)	—	17	达到国家要求
	17	单位地区生产总值二氧化碳排放降低（比2015年）(%)	—	20.5	达到国家要求
	18	城乡污水处理率（%）	87.9（城镇）	95	>99
	19	重要江河湖泊水功能区水质达标率（%）	57	77	>95
	20	建成区人均公园绿地面积（平方米）	16	16.5	17
	21	建成区公园绿地500米服务半径覆盖率（%）	67.2	85	95
	22	森林覆盖率（%）	41.6	44	45

续表

分项		指标	2015年	2020年	2035年
坚持开放发展，在实现合作共赢方面达到国际一流水平	23	入境旅游人数（万人次）	420	500	增加
	24	大型国际会议个数（个）	95	115	125
	25	国际展览个数（个）	173	200	250
	26	外资研发机构数量（个）	532	600	800
	27	引进海外高层次人才来京创新创业人数（人）	759	1300	增加
坚持共享发展，在增进人民福祉方面达到国际一流水平	28	平均受教育年限（年）	12	12.5	13.5
	29	人均期望寿命（岁）	81.95	82.4	83.5
	30	千人医疗卫生机构床位数（张）	5.14	6.1	7左右
	31	千人养老机构床位数（张）	5.7	7	9.5
	32	人均公共文化服务设施建筑面积（平方米）	0.14	0.36	0.45
	33	人均公共体育用地面积（平方米）	0.63	0.65	0.7
	34	一刻钟社区服务圈覆盖率（%）	80（城市社区）	基本实现城市社区全覆盖	基本实现城乡社区全覆盖
	35	集中建设区道路网密度（公里/平方公里）	3.4	8（新建地区）	8
	36	轨道交通里程（公里）	631	1000左右	2500
	37	绿色出行比例（%）	70.7	>75	80
	38	人均水资源量（包括再生水量和南水北调等外调水量）(立方米)	176	185	220
	39	人均应急避难场所面积（平方米）	0.78	1.09	2.1
	40	社会安全指数 社会治安：十万人刑事案件判决生效犯罪率（人/10万人）	109.2	108.7	106.5
	41	交通安全：万车死亡率（人/万车）	2.38（2016年）	2.1	1.8
	42	重点食品安全检测抽检合格率（%）	98.42	98.5	99

注：文中现状数据，除有特殊说明外，基准年均为2015年。

附　图

01　京津冀区域空间格局示意图
02　市域空间结构规划图
03　文化中心空间布局保障示意图
04　科技创新中心空间布局保障示意图
05　市域绿色空间结构规划图
06　市域历史文化名城保护结构规划图
07　市域风貌分区示意图
08　核心区空间结构规划图
09　老城传统空间格局保护示意图
10　中心城区空间结构规划图
11　中心城区功能分区示意图
12　中心城区市级绿道系统规划图
13　中心城区通风廊道规划示意图
14　中心城区蓝网系统规划图
15　中心城区道路网系统规划图
16　北京城市副中心与中心城区、东部地区关系示意图
17　北京城市副中心空间结构规划图
18　北京城市副中心绿色空间结构规划图
19　市域干线公路网及公路主枢纽规划图
20　市域轨道交通2021年规划示意图
21　市域客运枢纽体系规划图
22　市域永久基本农田规划图
23　市域两线三区规划图
24　市域用地功能规划图

（附图来源：http://ghgtw.beijing.gov.cn）

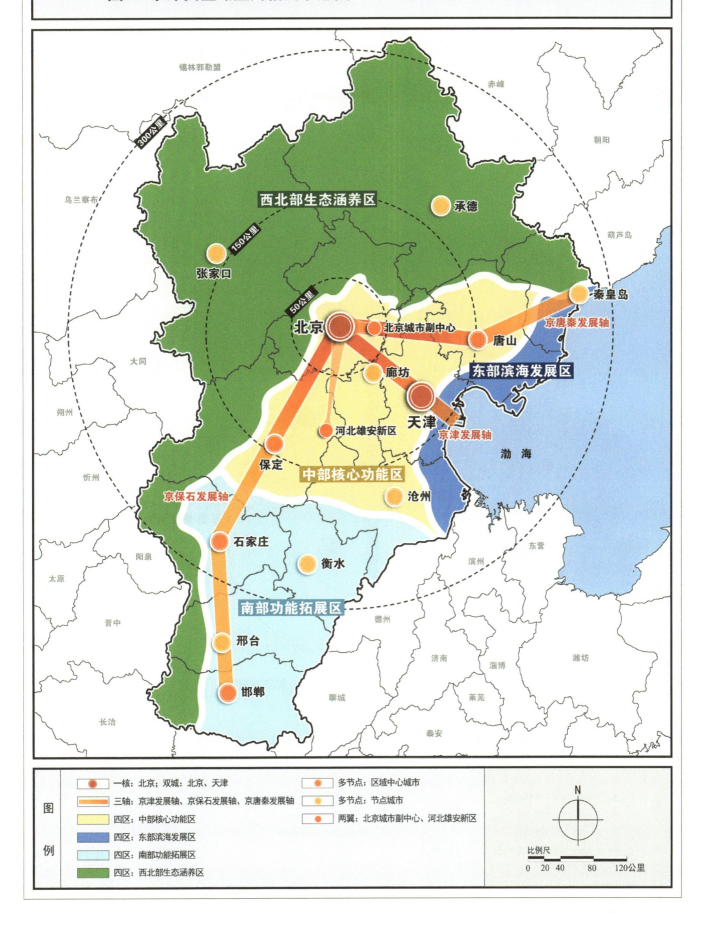

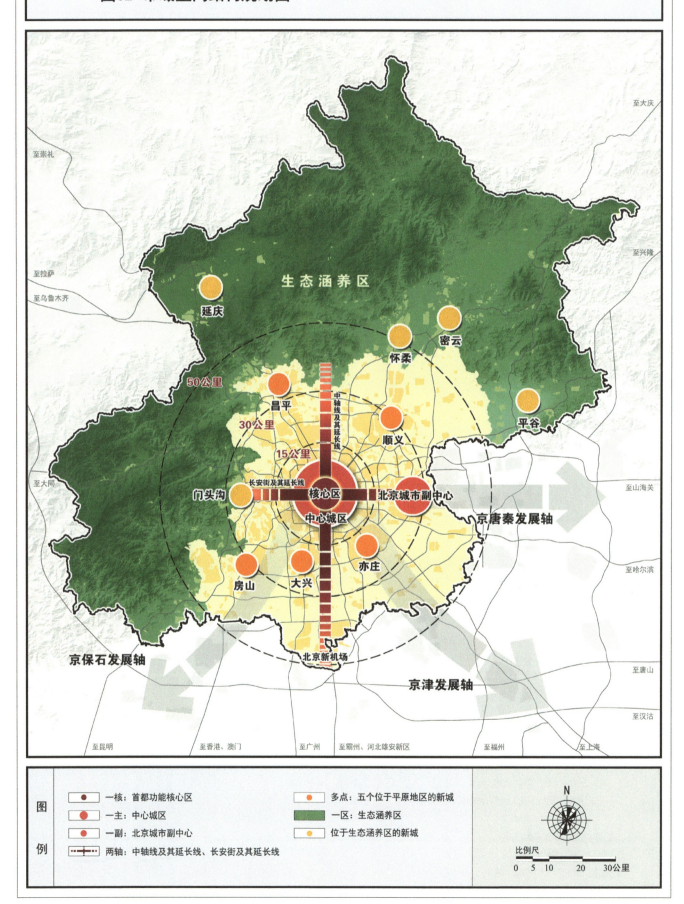

北京城市总体规划（2016年—2035年）

图03 文化中心空间布局保障示意图

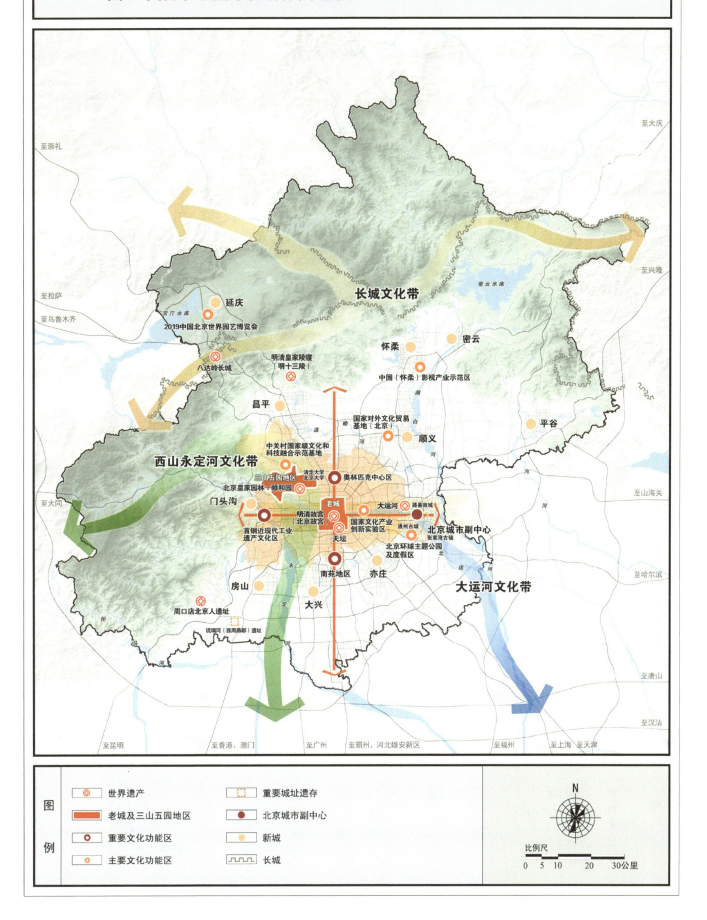

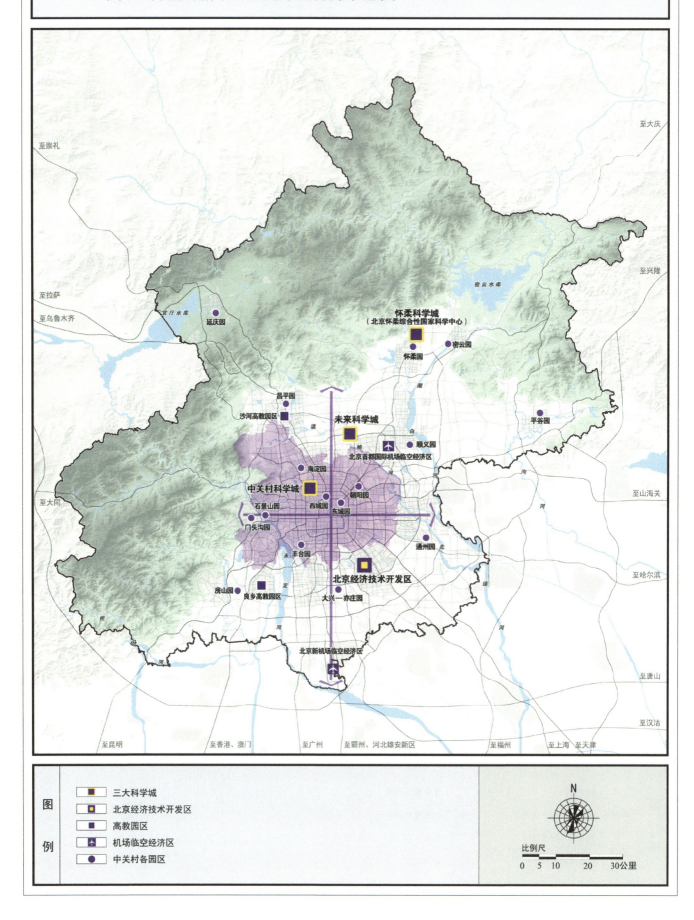

北京城市总体规划（2016年—2035年）

图05 市域绿色空间结构规划图

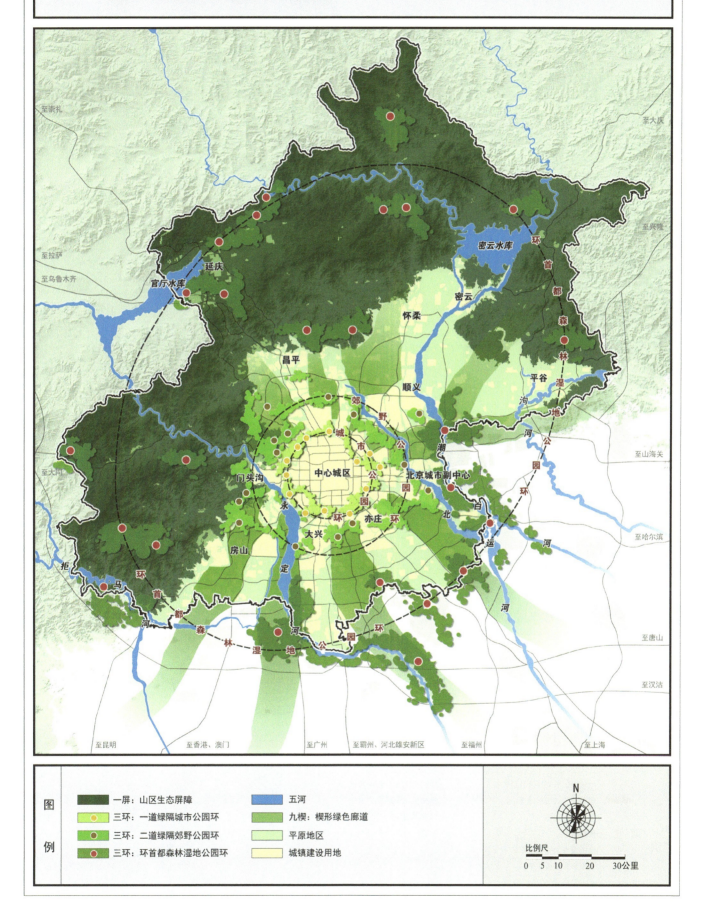

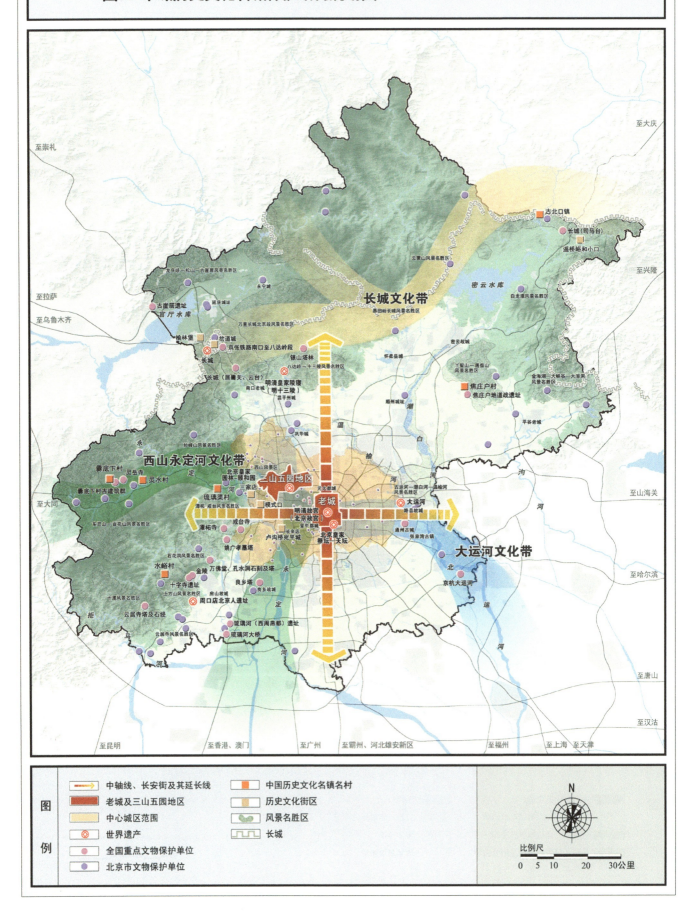

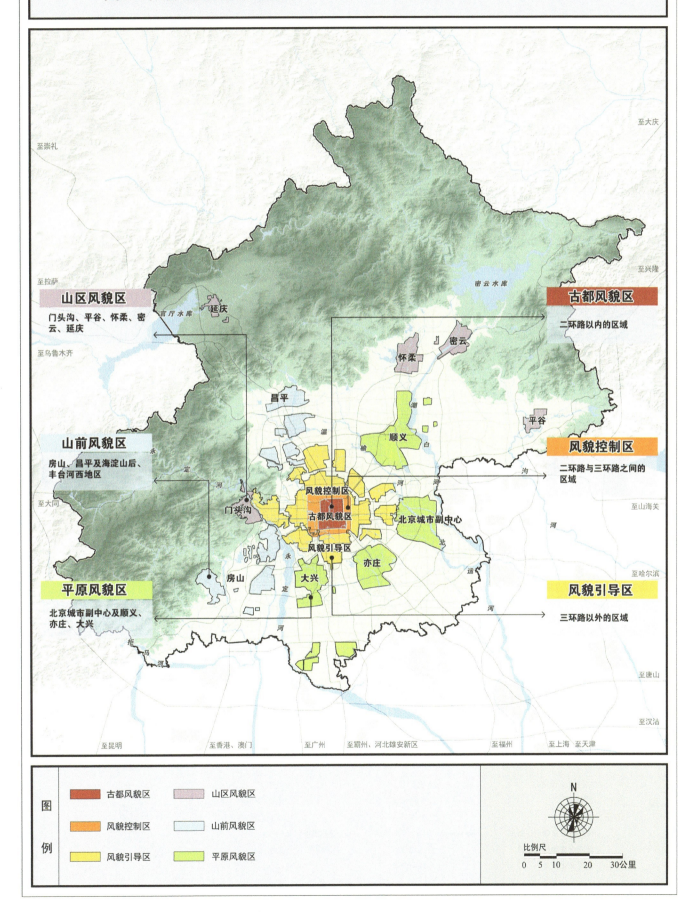

北京城市总体规划（2016年—2035年）

图08 核心区空间结构规划图

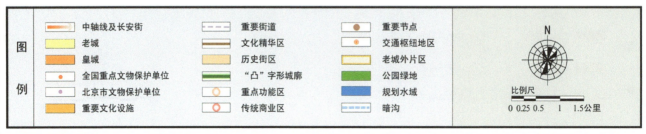

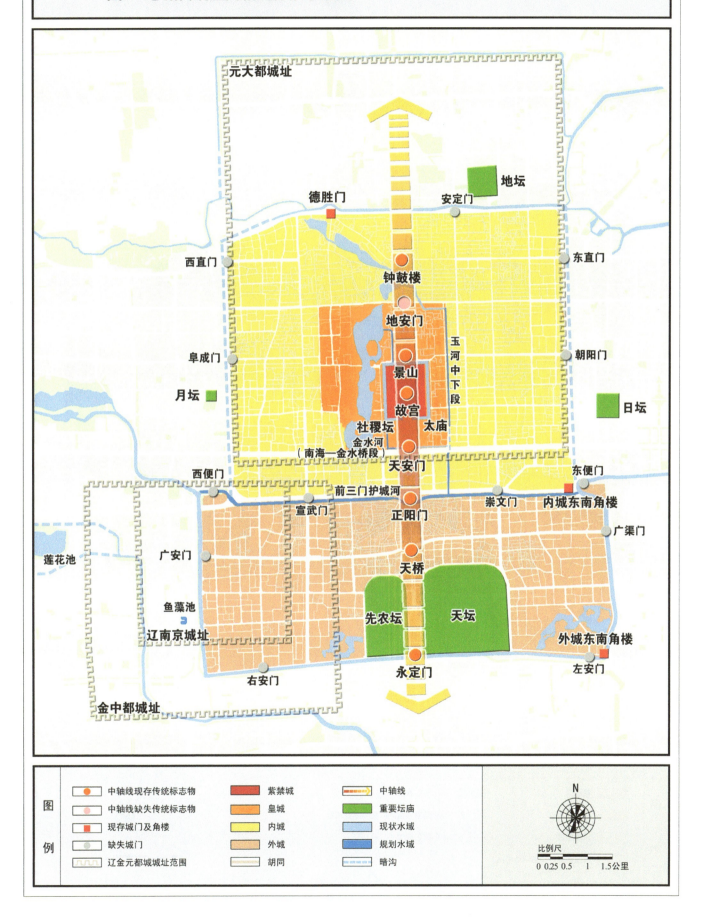

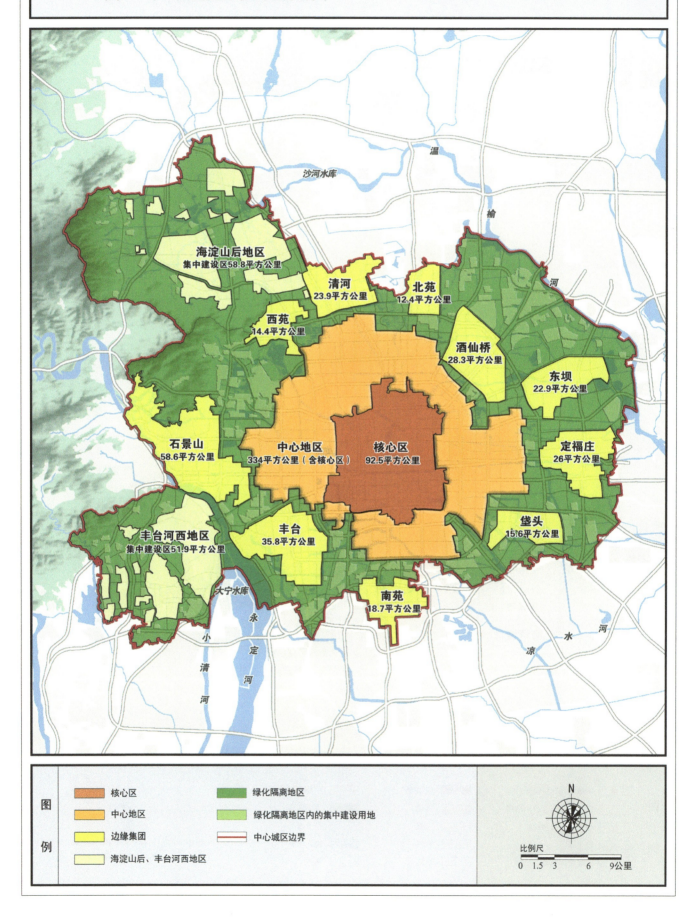

北京城市总体规划（2016年—2035年）

图11 中心城区功能分区示意图

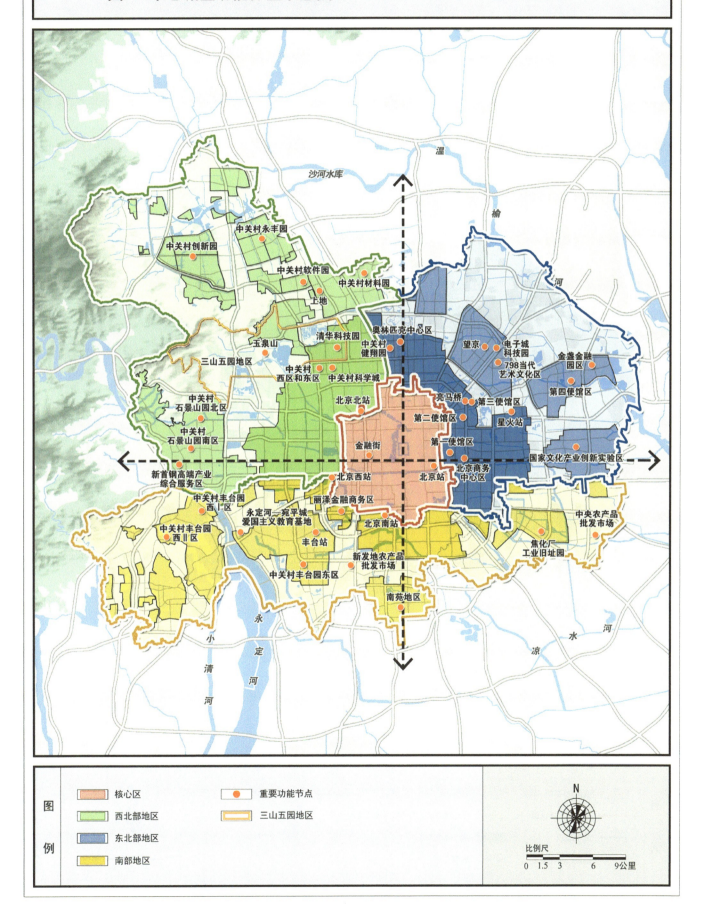

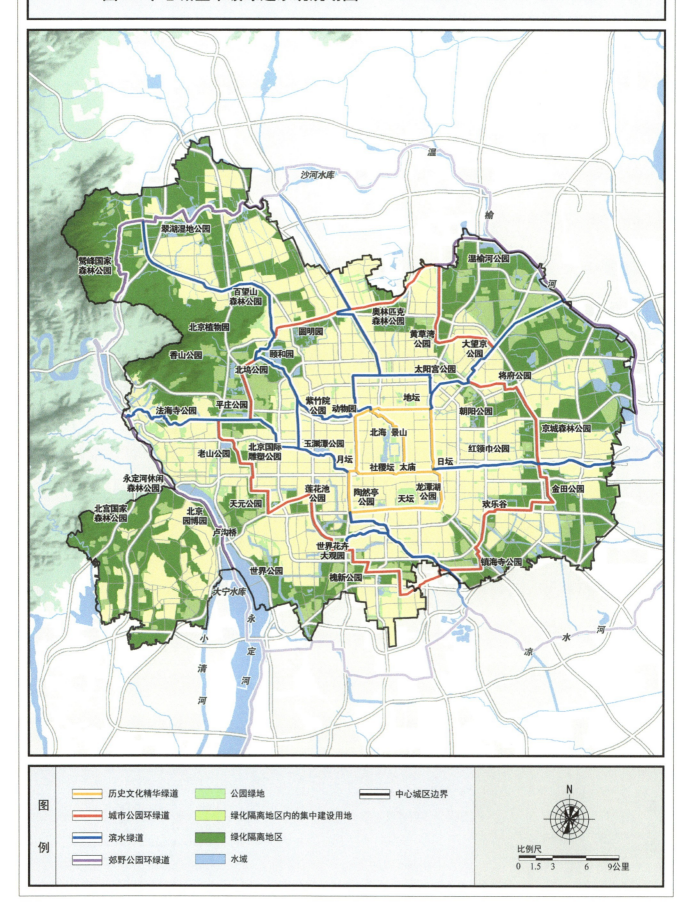

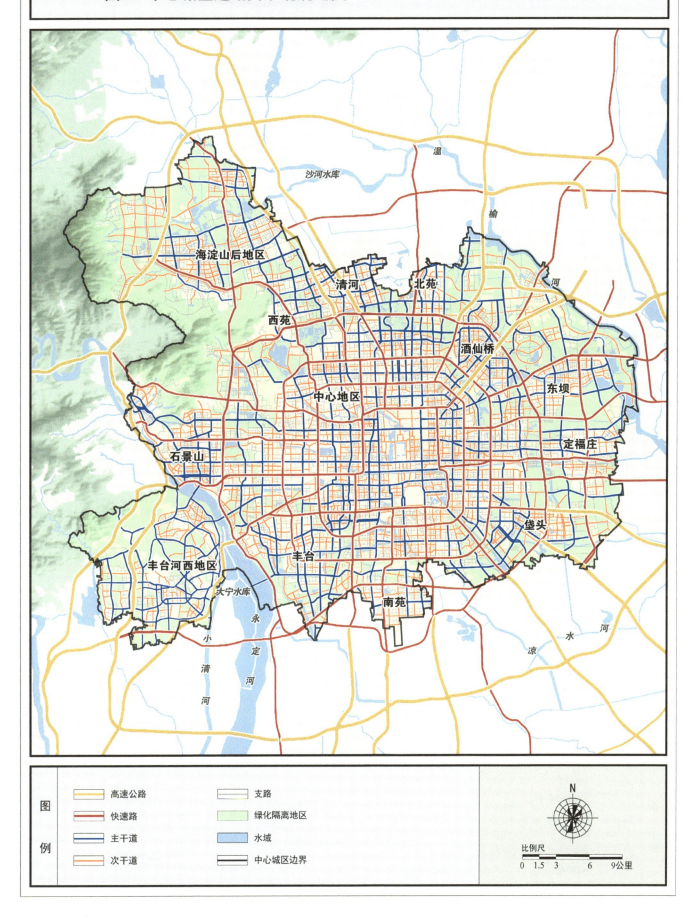

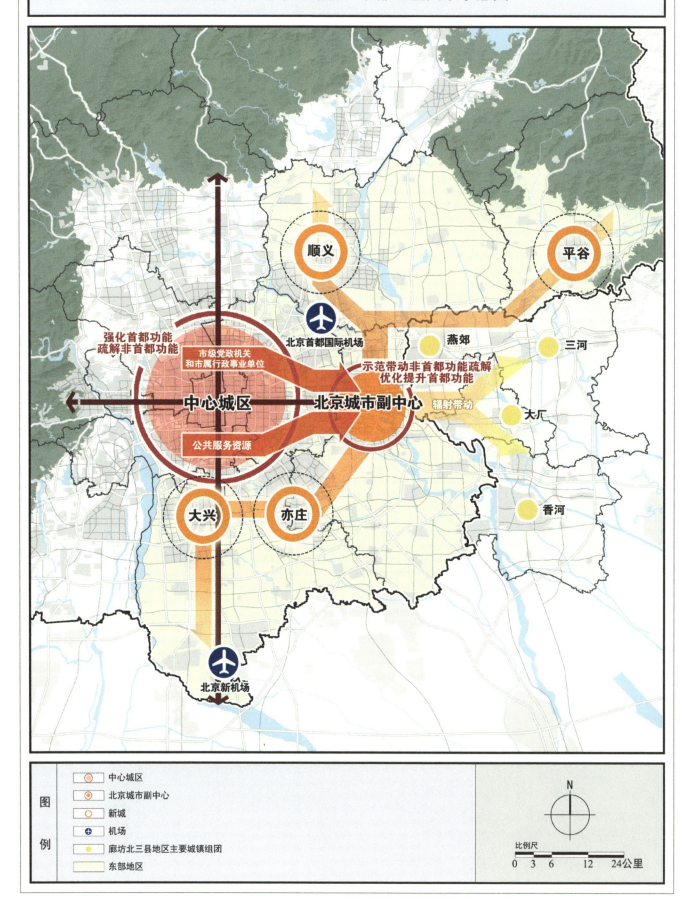

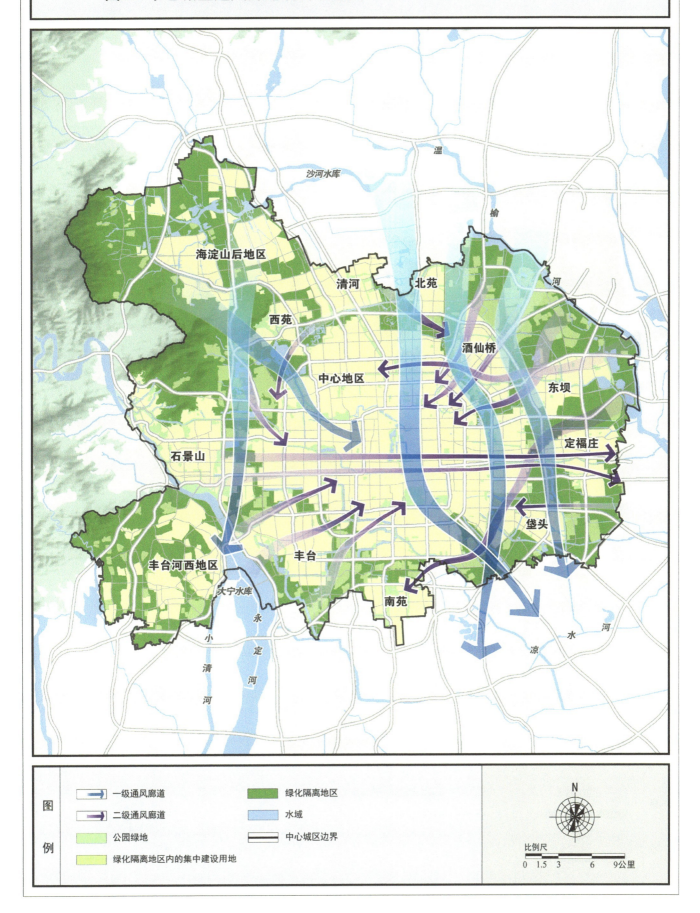

北京城市总体规划（2016年—2035年）

图14 中心城区蓝网系统规划图

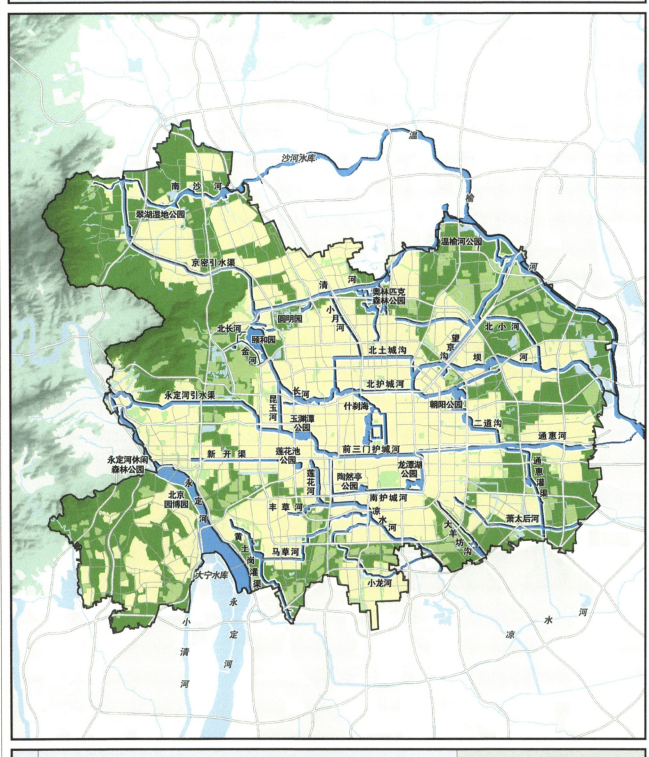
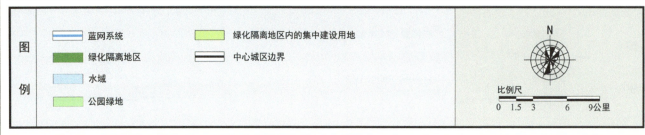

北京城市总体规划（2016年—2035年）

图17 北京城市副中心空间结构规划图

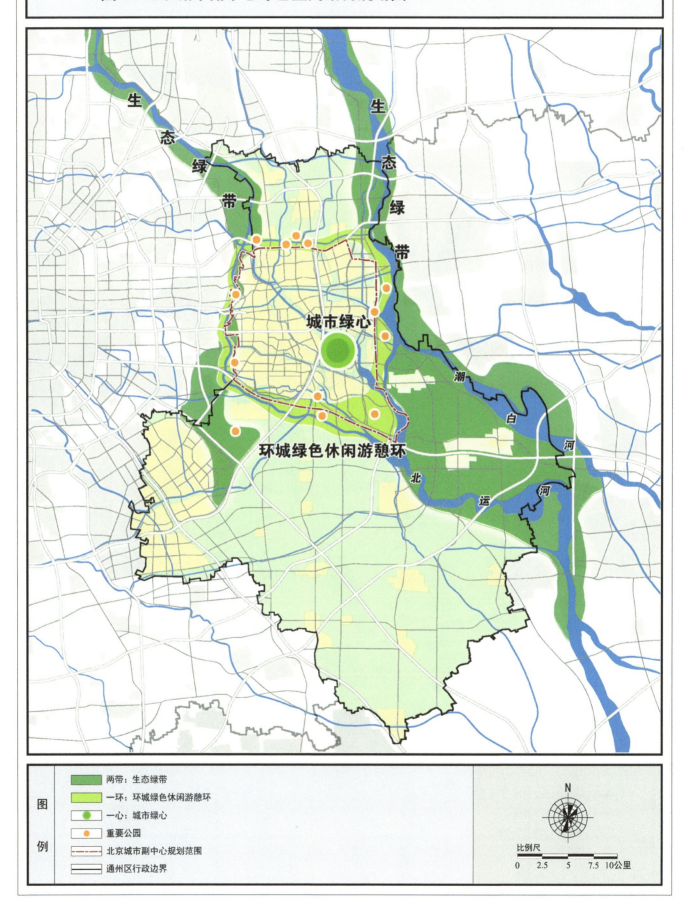

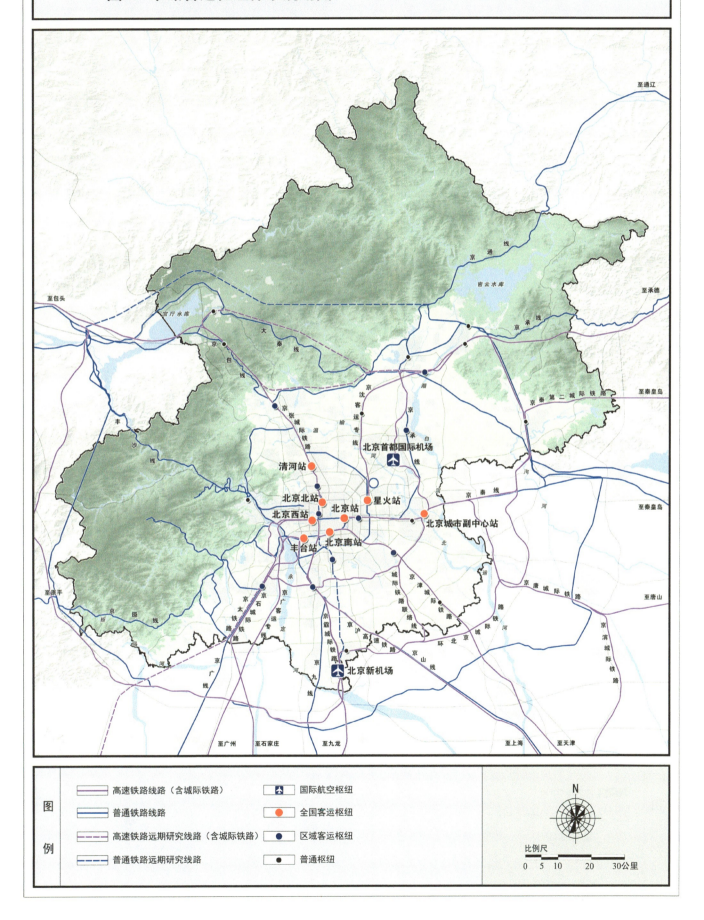

北京城市总体规划（2016年—2035年）

图21 市域客运枢纽体系规划图

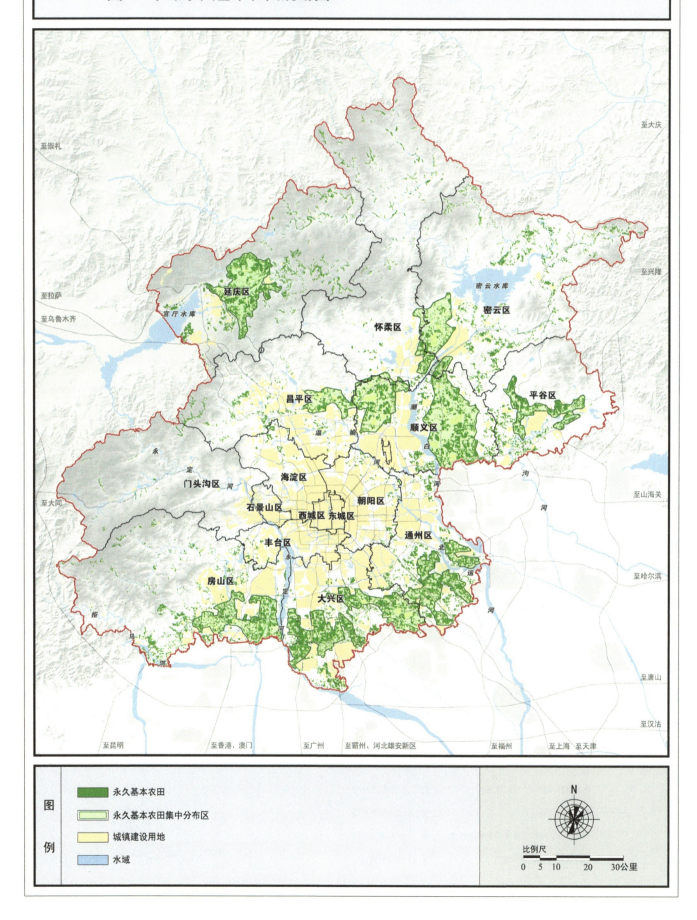

北京城市总体规划（2016年—2035年）

图23 市域两线三区规划图

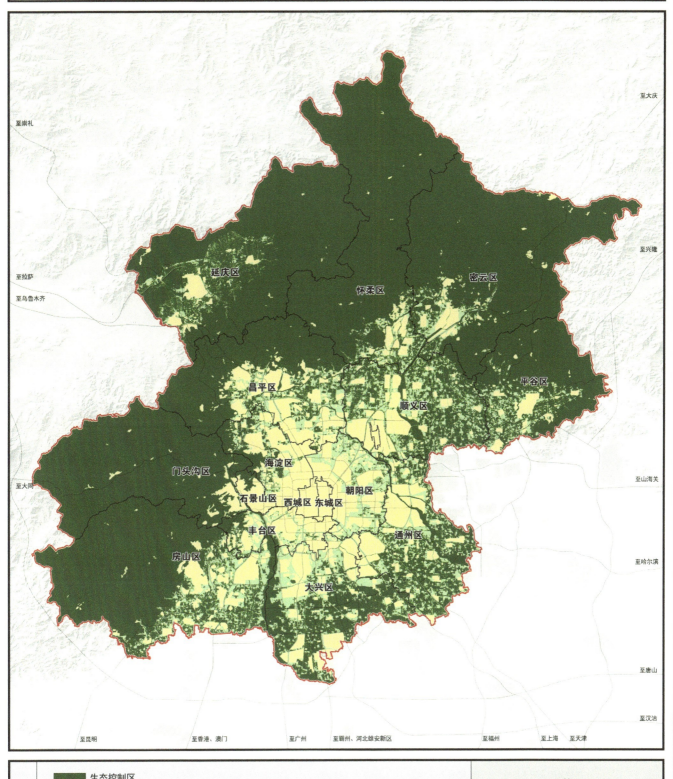

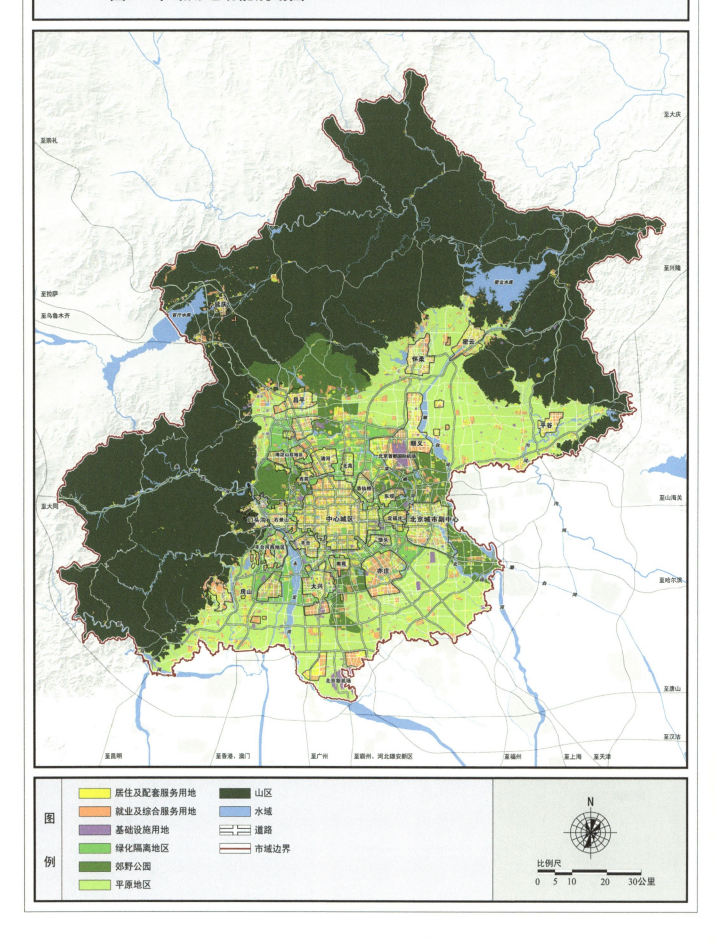

图书在版编目(CIP)数据

北京城市总体规划：2016年—2035年／中国共产党北京市委员会，北京市人民政府编．—北京：中国建筑工业出版社，2019.1（2025.3重印）
ISBN 978-7-112-23229-1

Ⅰ．①北… Ⅱ．①中…②北… Ⅲ．①城市规划－总体规划－北京－2016-2035　Ⅳ．①TU984.21

中国版本图书馆CIP数据核字（2019）第018331号

责任编辑：石枫华　王　磊　兰丽婷
责任校对：王　烨

北京城市总体规划（2016年—2035年）

*

中国建筑工业出版社出版、发行（北京海淀三里河路9号）
各地新华书店、建筑书店经销
北京中科印刷有限公司印刷

*

开本：880×1230毫米　1/16　印张：8½　字数：144千字
2019年6月第一版　2025年3月第八次印刷
定价：36.00元
ISBN 978-7-112-23229-1
（33274）

版权所有　翻印必究
如有印装质量问题，可寄本社退换
（邮政编码 100037）

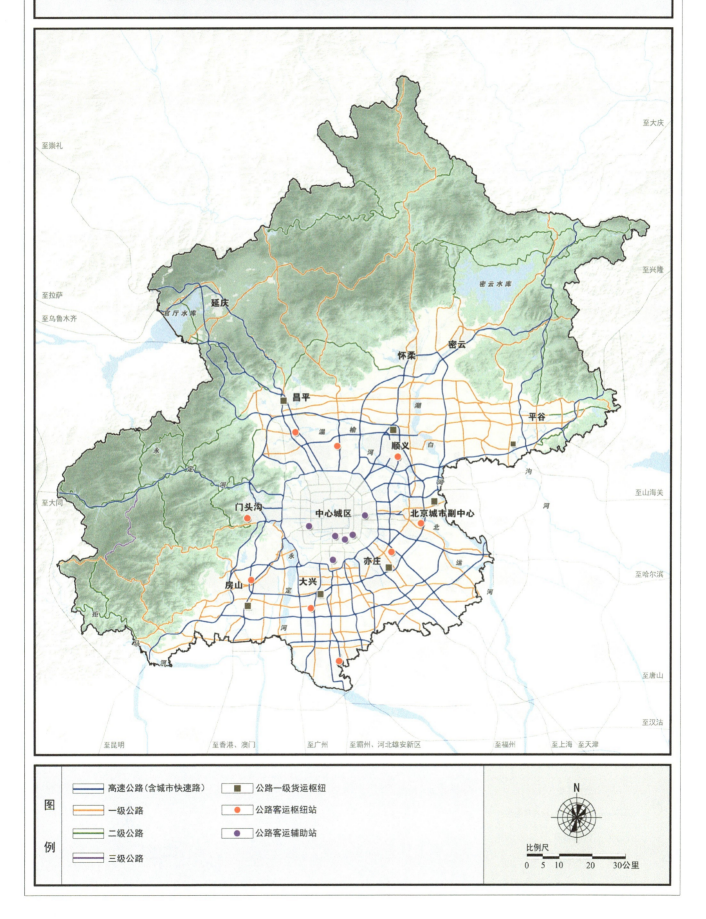

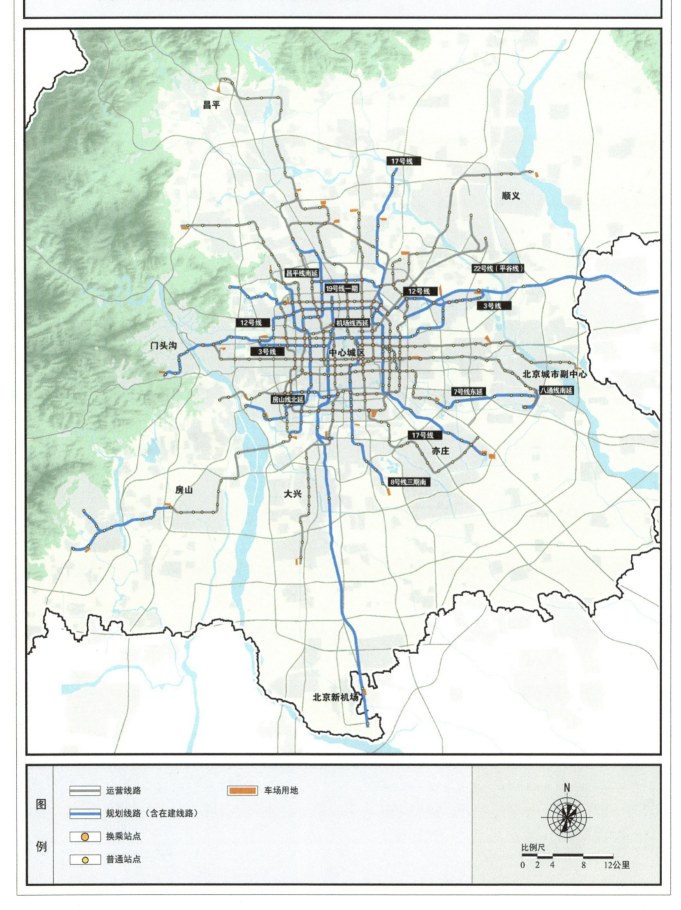

北京城市总体规划（2016年—2035年）

图20 市域轨道交通2021年规划示意图